#수학개념학습
#학습만화
#재미있는수학
#만화로개념잡는

개념클릭

Chunjae
Makes
Chunjae

▼

개념클릭

편집총괄	박금옥
편집개발	지유경, 정소현, 조선영, 최윤석, 김장미, 유혜지, 남솔, 정하영, 김혜진
디자인총괄	김희정
표지디자인	윤순미, 장미
내지디자인	이은정, 박광순
제작	황성진, 조규영

발행일	2024년 4월 15일 초판 2024년 4월 15일 1쇄
발행인	(주)천재교육
주소	서울시 금천구 가산로9길 54
신고번호	제2001-000018호
고객센터	1577-0902

개념클릭

초등
수학

2·2

구성과 특징

수학 공부를 쉽고, 재미있게 할 수 있는 교재는 없을까?

개념을 자세히 설명해 놓으면 잘 읽지 않고, 그렇다고 설명을 안 할 수도 없고….

만화로 교과서 개념을 설명한 책은 많지만, 수박 겉핥기 식으로 넘어가기만 하니….

개념클릭이 탄생하게 된 배경입니다.

개념클릭 학습 시스템!!

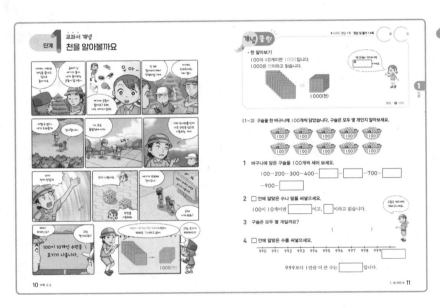

1단계

교과서 개념

만화를 보면 개념이 저절로~
간단한 **확인 문제**로 개념을
정리하세요.

2단계

개념 집중 연습

교과서 개념 문제를
반복하여 풀어 보면서
개념을 꽉 잡아요.

개념클릭만의 모바일 학습

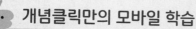

스마트 폰으로 찍어 보세요.

1 개념 동영상 강의를 보면서 개념을 익혀요.

QR 코드를 찍어 개념 동영상 강의를 보면서 개념을 익힐 수 있습니다.

2 단원과 연계된 게임을 할 수 있어요.

QR 코드를 찍어 단원과 연계된 재미있는 게임을 할 수 있습니다.

3 새로운 문제로 TEST를 반복해요.

QR 코드를 찍어 문제를 더 풀어 볼 수 있습니다.

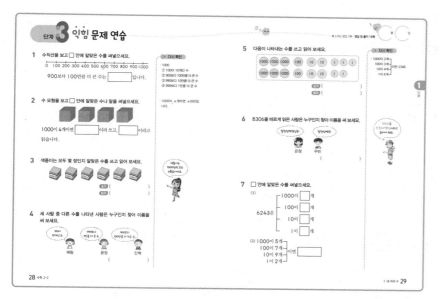

3 단계

익힘 문제 연습

익힘 유형 문제를 풀어 보면서 **실력**을 키워요.

4 단계

단원 평가

한 단원을 마무리하며 스스로 **실력 체크**를 해요.

한 단원을 학습한 후 내가 무엇을 알고 무엇을 모르는지 **확인하는 코너**입니다.

차례

파브르

곤충을 사랑하는 곤충학자.
곤충과 자연을 사랑하며 끈기와 열정으로
곤충에 대한 연구를 한다.

타루

수학보드게임 속에 사는 용감한 성격의
소녀.

강길

곤충을 무서워하지만 장난끼 많은 성격의
9세 소년.

강희

강길이의 쌍둥이 동생.
호기심이 많고 긍정적이며 곤충을 좋아한다.

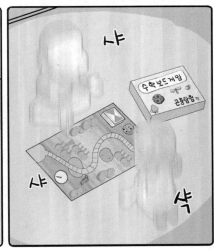

1

네 자리 수

QR 코드를 찍어 개념 동영상 강의를 보세요. 게임도 하고 문제도 풀 수 있어요.

🔵 이번에 배울 내용

- 천 알아보기
- 몇천 알아보기
- 네 자리 수 알아보기
- 각 자리의 숫자가 나타내는 수 알아보기
- 뛰어 세기
- 네 자리 수의 크기 비교

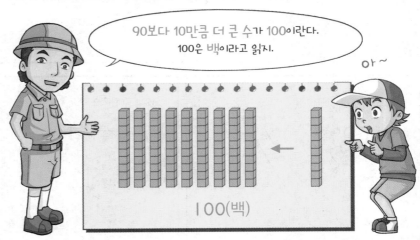

천을 알아볼까요

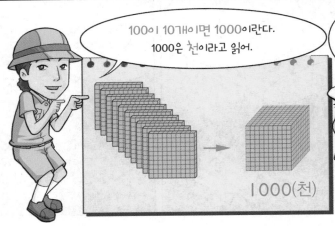

개념 클릭

• 천 알아보기

100이 10개이면 1000입니다.
1000은 천이라고 읽습니다.

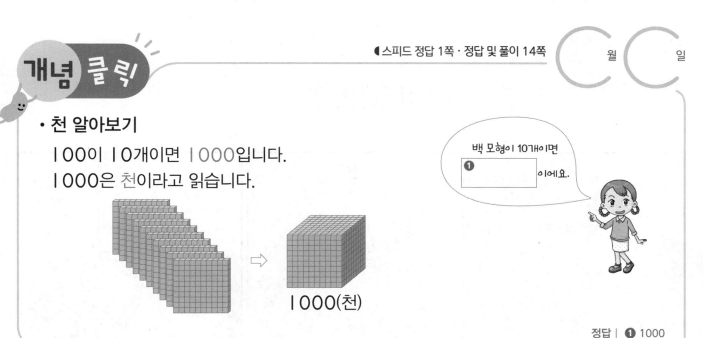

1000(천)

백 모형이 10개이면
❶ _____ 이에요.

정답 | ❶ 1000

[1~3] 구슬을 한 바구니에 100개씩 담았습니다. 구슬은 모두 몇 개인지 알아보세요.

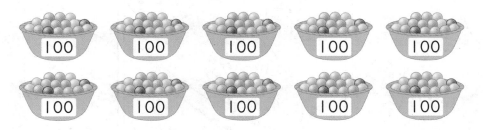

1 바구니에 담은 구슬을 100개씩 세어 보세요.

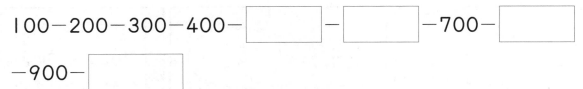

100 − 200 − 300 − 400 − [　　] − [　　] − 700 − [　　]
− 900 − [　　]

2 □ 안에 알맞은 수나 말을 써넣으세요.

100이 10개이면 [　　] 이고, [　　] 이라고 읽습니다.

구슬은 100개씩
10바구니예요.

3 구슬은 모두 몇 개일까요?

(　　　　　　　　)

4 □ 안에 알맞은 수를 써넣으세요.

990 991 992 993 994 995 996 997 998 999 [　　]

999보다 1만큼 더 큰 수는 [　　] 입니다.

몇천을 알아볼까요

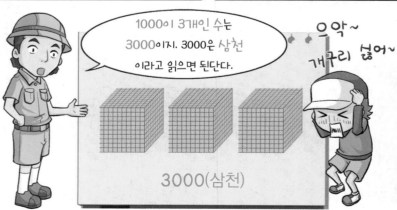

개념 클릭

- **몇천 알아보기**

  1000이 3개이면 3000입니다.

  3000은 삼천이라고 읽습니다.

6000은 **❶**   이라고 읽어요.

정답 | **❶** 육천

1 단원

(1~2) 수 모형을 보고 ☐ 안에 알맞은 수나 말을 써넣으세요.

1

1000이 2개이면 [   ]이라 쓰고, [   ]이라고 읽습니다.

2

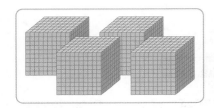

1000이 4개이면 [   ]이라 쓰고, [   ]이라고 읽습니다.

(3~4) 수 모형이 나타내는 수를 쓰고 읽어 보세요.

3

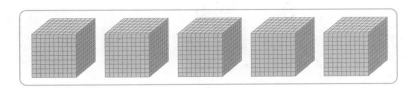

쓰기	읽기

2000, 3000, 4000은 어떻게 읽어?

이천, 삼천, 사천이라고 읽으면 돼.

4

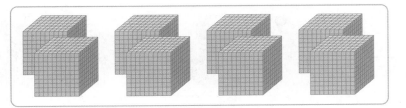

쓰기	읽기

◗ 천 알아보기

(1~2) 수 모형을 보고 ☐ 안에 알맞은 수를 써넣으세요.

1

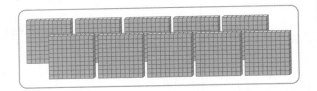

100이 10개이면 ☐ 입니다.

2

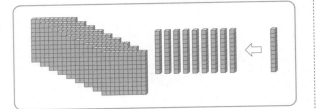

990보다 10만큼 더 큰 수는

☐ 입니다.

(3~4) ☐ 안에 알맞은 수를 써넣으세요.

3

600	700	800	900	☐

900보다 ☐ 만큼 더 큰 수는

1000입니다.

4

960	970	980	990	☐

1000은 990보다 ☐ 만큼 더 큰

수입니다.

(5~7) ☐ 안에 알맞은 수를 써넣으세요.

5 ☐ 은 100이 10개인 수입

니다.

6 800보다 ☐ 만큼 더 큰 수는

1000입니다.

7 1000은 999보다 ☐ 만큼 더 큰

수입니다.

◗ 몇천 알아보기

(8~9) 수 모형을 보고 ☐ 안에 알맞은 수를 써넣으세요.

8

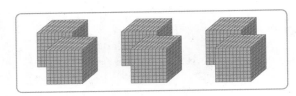

1000이 ☐ 개이면 ☐ 입

니다.

9

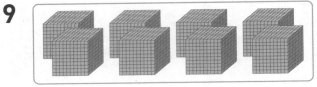

1000이 ☐ 개이면 ☐ 입

니다.

(10~12) 색종이는 모두 몇 장인지 알맞은 수를 쓰고 읽어 보세요.

10

쓰기	읽기

11

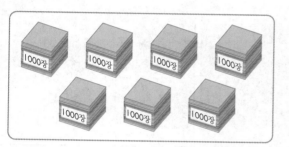

쓰기	읽기

12

쓰기	읽기

(13~15) 수를 읽어 보세요.

13 | 2000 | ⇨ (   )

14 | 8000 | ⇨ (   )

15 | 4000 | ⇨ (   )

(16~18) 수로 써 보세요.

16 | 팔천 | ⇨ (   )

17 | 육천 | ⇨ (   )

18 | 구천 | ⇨ (   )

네 자리 수를 알아볼까요

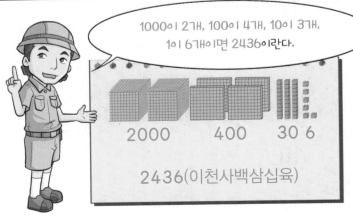

• 네 자리 수 알아보기

천 모형	백 모형	십 모형	일 모형
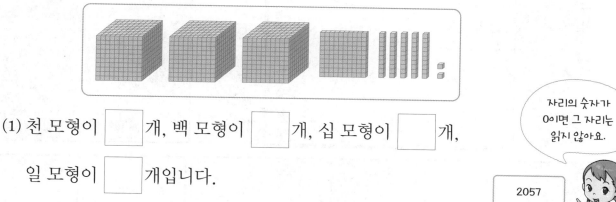			
1000이 2개	100이 ❶ 개	10이 3개	1이 ❷ 개

천 모형 2개,
백 모형 4개, 십 모형 3개,
일 모형 6개이면
2436이에요.

1000이 2개, 100이 4개, 10이 3개, 1이 6개이면 2436입니다.
2436은 이천사백삼십육이라고 읽습니다.

정답 | ❶ 4 ❷ 6

1 수 모형을 보고 □ 안에 알맞은 수나 말을 써넣으세요.

(1) 천 모형이 [ ] 개, 백 모형이 [ ] 개, 십 모형이 [ ] 개,

일 모형이 [ ] 개입니다.

(2) 1000이 3개, 100이 1개, 10이 5개, 1이 2개이면

[ ] 이고, [ ] (이)라고 읽습니다.

자리의 숫자가
0이면 그 자리는
읽지 않아요.

2057
이천오십칠

(2~3) □ 안에 알맞은 수를 써넣으세요.

2
1000이 4개 ─┐
100이 7개 ─┤
10이 2개 ─┤ 이면 [ ]
1이 5개 ─┘

3
1000이 7개 ─┐
100이 2개 ─┤
10이 6개 ─┤ 이면 [ ]
1이 9개 ─┘

(4~5) 수를 읽어 보세요.

4 2947 ⇨ ( )   **5** 5840 ⇨ ( )

각 자리의 숫자는 얼마를 나타낼까요

내가 문제를 낼게. 맞혀 봐~.

우끼?

??

3426에서 3은 얼마를 나타낼까?

??

3426에서 3은 천의 자리 숫자이고, 3000을 나타내.

3 4 2 6
→ 천의 자리 숫자, 3000
→ 백의 자리 숫자, 400
→ 십의 자리 숫자, 20
→ 일의 자리 숫자, 6

우끼끼

어때? 이제 알겠지?

나 천재인가?

우끼 끼끼

우끼 우끼, 우갸갸~.

뭐라고?

저기 저기~. 우끼끼~.

새로운 사람?

와~ 신난다. 새로운 사람들이 나타났다니~.

얼른 만나러 가야겠다.

휘

잉~

저 사람들인가?

개념 클릭

• 각 자리의 숫자가 나타내는 수

천의 자리	백의 자리	십의 자리	일의 자리
3	4	2	6

$\longleftrightarrow$

3	0	0	0
	4	0	0
		2	0
			6

3은 천의 자리 숫자이고 3000을 나타냅니다.
4는 백의 자리 숫자이고 400을 나타냅니다.
2는 십의 자리 숫자이고 20을 나타냅니다.
6은 일의 자리 숫자이고 6을 나타냅니다.

$3426 = 3000 + \boxed{\text{❶}\quad} + 20 + \boxed{\text{❷}\quad}$

정답 | ❶ 400 ❷ 6

(1~2) 네 자리 수를 보고 빈칸에 알맞은 수를 써넣으세요.

1

8725 ⇨

천의 자리	백의 자리	십의 자리	일의 자리
8	7	2	5
1000이 ☐ 개	100이 ☐ 개	10이 ☐ 개	1이 ☐ 개
☐	700	☐	5

$8725 = \boxed{\quad} + \boxed{\quad} + 20 + \boxed{\quad}$

2

6197 ⇨

천의 자리	백의 자리	십의 자리	일의 자리
6	1	9	7
1000이 ☐ 개	100이 ☐ 개	10이 ☐ 개	1이 ☐ 개
☐	100	☐	7

$6197 = 6000 + \boxed{\quad} + \boxed{\quad} + \boxed{\quad}$

네 자리 수 알아보기

(1~2) 수 모형이 나타내는 수를 써 보세요.

1

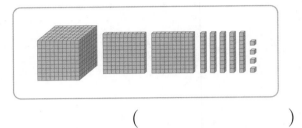

(   )

2

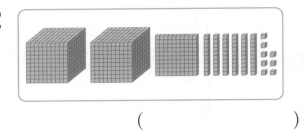

(   )

(3~6) ☐ 안에 알맞은 수를 써넣으세요.

3

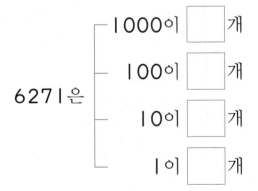

6271은
- 1000이 ☐ 개
- 100이 ☐ 개
- 10이 ☐ 개
- 1이 ☐ 개

4

3945는
- 1000이 ☐ 개
- 100이 ☐ 개
- 10이 ☐ 개
- 1이 ☐ 개

5

1000이 8개 ┐
100이 6개 ┤
10이 5개 ┤ 이면 ☐
1이 7개 ┘

6

1000이 5개 ┐
100이 0개 ┤
10이 7개 ┤ 이면 ☐
1이 3개 ┘

(7~9) 수를 읽어 보세요.

7 3721 ⇨ (   )

8 4150 ⇨ (   )

9 6027 ⇨ (   )

● 각 자리의 숫자가 나타내는 수

(10~17) □ 안에 알맞은 수를 써넣으세요.

(10~12) □ 안에 알맞은 수를 써넣으세요.

10 5827에서

┌ 천의 자리 숫자 5는 □ 을,

├ 백의 자리 숫자 8은 □ 을,

├ 십의 자리 숫자 2는 □ 을,

└ 일의 자리 숫자 7은 □ 을

나타냅니다.

11 2546에서

┌ 천의 자리 숫자 2는 □ 을,

├ 백의 자리 숫자 5는 □ 을,

├ 십의 자리 숫자 4는 □ 을,

└ 일의 자리 숫자 6은 □ 을

나타냅니다.

12 9261에서

┌ 천의 자리 숫자 9는 □ 을,

├ 백의 자리 숫자 2는 □ 을,

├ 십의 자리 숫자 6은 □ 을,

└ 일의 자리 숫자 1은 □ 을

나타냅니다.

(13~17) □ 안에 알맞은 수를 써넣으세요.

13 3862

$$= \boxed{} +800+ \boxed{} +2$$

14 5217

$$= \boxed{} +200+10+ \boxed{}$$

15 6593

$$=6000+ \boxed{} +90+ \boxed{}$$

16 5749

$$=5000+ \boxed{} +40+ \boxed{}$$

17 4832

$$=4000+ \boxed{} +30+ \boxed{}$$

1 단원

뛰어 세어 볼까요

개념 클릭

• 뛰어 세기

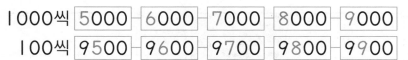

1000씩 | 5000 — 6000 — 7000 — 8000 — 9000
100씩 | 9500 — 9600 — 9700 — 9800 — 9900

백의 자리 수가 1씩 커져요. ◀

10씩 | 9950 — 9960 — 9970 — 9980 — 9990

십의 자리 수가 1씩 커져요. ◀

1씩 | 9995 — 9996 — 9997 — 9998 — 9999

일의 자리 수가 ❶ □ 씩 커져요. ◀

1000씩 뛰어 세면 천의 자리 수가 ❷ □ 씩 커져요.

정답 | ❶ 1   ❷ 1

(1~2) 1000씩 뛰어 세어 보세요.

1 | 3000 | — | | — | 5000 | — | | — | | — | |

2 | 1900 | — | | — | | — | 4900 | — | | — | |

(3~4) 100씩 뛰어 세어 보세요.

3 | 5000 — 5100 — | — |
| | — | |

100씩 뛰어 세면 백의 자리 수가 1씩 커져요.

4 | 2730 — 2830 — | — |
| | — | |

(5~6) 10씩 뛰어 세어 보세요.

5 | 2540 — 2550 — | — | — | — 2590 |

6 | 1428 — 1438 — | — | — | — 1478 |

수의 크기를 비교해 볼까요

개념 클릭

월   일

• 네 자리 수의 크기 비교

천의 자리부터 같은 자리 수끼리 차례로 비교합니다.
높은 자리 수가 클수록 큰 수입니다.

2547 < 4136 → 천의 자리 수가 클수록 큰 수예요.
　2<4

5847 ◯ 5816 → 천, 백의 자리 수가 각각 같으므로 십의 자리 수가 클수록 큰 수예요.
　4>1

천의 자리 수가 같으면 ❷ 의 자리 수를 비교해요.

정답 | ❶ > ❷ 백

1   **1** 7321과 7549 중 어느 수가 더 큰지 알아보세요.

(1) 빈칸에 알맞은 수를 써넣으세요.

	천의 자리	백의 자리	십의 자리	일의 자리
7321 ⇒	7		2	
7549 ⇒	7			9

(2) 두 수의 크기를 비교하여 ◯ 안에 > 또는 <를 알맞게 써넣으세요.

7321 ◯ 7549

(2~7) 두 수의 크기를 비교하여 ◯ 안에 > 또는 <를 알맞게 써넣으세요.

2 5942 ◯ 4158

3 7486 ◯ 3259

네 자리 수의 크기 비교는 천의 자리부터 차례로 비교해요.

4 2784 ◯ 2451

5 4573 ◯ 4582

6 6247 ◯ 6206

7 9253 ◯ 9258

단계 2 개념 집중 연습

뛰어 세기

(1~2) 1000씩 뛰어 세어 보세요.

1 | 2547 | 3547 | | |

2 | 5702 | 6702 | | |

(3~4) 100씩 뛰어 세어 보세요.

3 | 5243 | 5343 | | |

4 | 6541 | 6641 | | |

(5~6) 10씩 뛰어 세어 보세요.

5 | 7436 | 7446 | | |

6 | 4358 | 4368 | | |

(7~8) 1씩 뛰어 세어 보세요.

7 | 3524 | 3525 | | |

8 | 8256 | 8257 | | |

(9~12) 몇씩 뛰어 센 것인지 알아보세요.

9 | 5842 | 5852 | 5862 | 5872 |

(   )

10 | 3529 | 4529 | 5529 | 6529 |

(   )

11 | 6425 | 6426 | 6427 | 6428 |

(   )

12 | 2438 | 2538 | 2638 | 2738 |

(   )

월 ( ) 일 ( )

네 자리 수의 크기 비교

(13~15) 수 모형을 보고 두 수의 크기를 비교하여 ◯ 안에 > 또는 <를 알맞게 써넣으세요.

13

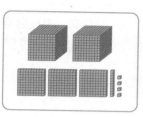

2314 ◯ 3126

14

3315 ◯ 3252

15

2147 ◯ 2163

(16~18) 두 수의 크기를 비교하여 ◯ 안에 > 또는 <를 알맞게 써넣으세요.

16 5436 ◯ 7150

17 8246 ◯ 8519

18 3728 ◯ 3704

(19~20) 세 수의 크기를 비교하여 가장 큰 수를 써 보세요.

19

| 5241 | 5849 | 2487 |

( )

20

| 7229 | 7243 | 7248 |

( )

1 수직선을 보고 ☐ 안에 알맞은 수를 써넣으세요.

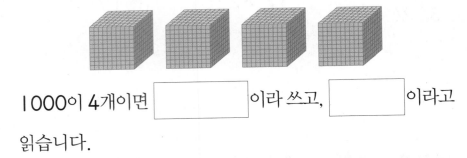

900보다 100만큼 더 큰 수는 [   ] 입니다.

다시 확인

· 1000
① 100이 10개인 수
② 900보다 100만큼 더 큰 수
③ 990보다 10만큼 더 큰 수
④ 999보다 1만큼 더 큰 수

· 1000이 ▲개이면 ▲000입니다.

2 수 모형을 보고 ☐ 안에 알맞은 수나 말을 써넣으세요.

1000이 4개이면 [   ] 이라 쓰고, [   ] 이라고 읽습니다.

3 색종이는 모두 몇 장인지 알맞은 수를 쓰고 읽어 보세요.

쓰기 (   )

읽기 (   )

색종이는 1000장씩 모두 6묶음이에요.

4 세 사람 중 다른 수를 나타낸 사람은 누구인지 찾아 이름을 써 보세요.

100이
10개인 수.

해림

999보다
1만큼 더 큰 수.

윤정

900보다
100만큼 더 작은 수.

민혁

(   )

월   일

5 다음이 나타내는 수를 쓰고 읽어 보세요.

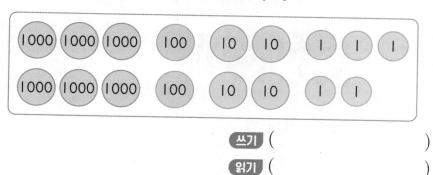

쓰기 (   )

읽기 (   )

6 8306을 바르게 읽은 사람은 누구인지 찾아 이름을 써 보세요.

(   )

5403은 오천사백삼이라고 읽어야 해요.

7 □ 안에 알맞은 수를 써넣으세요.

(1)

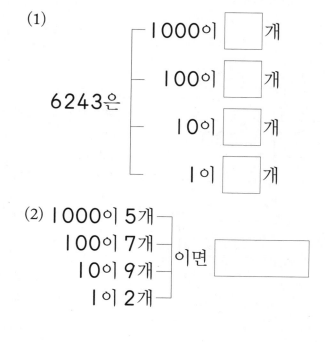

6243은
┌ 1000이 [   ] 개
├ 100이 [   ] 개
├ 10이 [   ] 개
└ 1이 [   ] 개

(2) 1000이 5개 ┐
    100이 7개 ┤
    10이 9개 ┤ 이면 [   ]
    1이 2개 ┘

8 수 모형을 보고 ☐ 안에 알맞은 수를 써넣으세요.

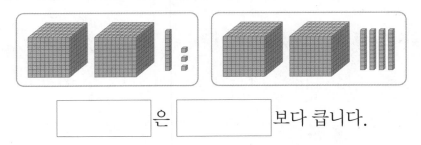

$$\boxed{} \text{은} \boxed{} \text{보다 큽니다.}$$

다시 확인

• 천 모형의 수가 같고 백 모형이 없으므로 십 모형의 수를 비교합니다.

9 숫자 7이 70을 나타내는 수는 어느 것인지 찾아 ◯표 하세요.

$$\underline{7}542 \qquad 5\underline{7}10 \qquad 35\underline{7}4$$

10 두 수의 크기를 비교하여 ◯ 안에 > 또는 <를 알맞게 써넣으세요.

(1) 4360 ◯ 7246   (2) 5482 ◯ 5907

(3) 6294 ◯ 6204   (4) 3027 ◯ 3024

천, 백, 십, 일의 자리 순서로 각각 같은 자리 수를 비교해 보세요.

11 뛰어 세어 보세요.

(1)
| 4180 | 4280 | | 4480 |

| | 4680 |

(2)
| 2547 | 3547 | 4547 | |

| | |

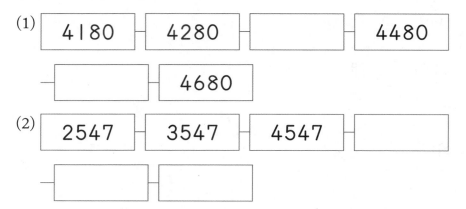

• 1000씩 뛰어 세기
  ⇨ 천의 자리 수가 1씩 커집니다.
• 100씩 뛰어 세기
  ⇨ 백의 자리 수가 1씩 커집니다.

12 와 같이 숫자 4는 얼마를 나타내는지 써 보세요.

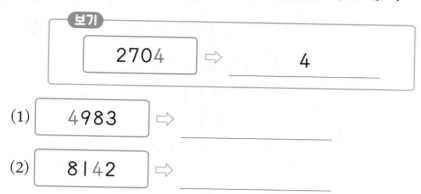

보기

2704 ⇨ _____4_____

(1) 4983 ⇨ _____

(2) 8142 ⇨ _____

다시 확인

• 같은 숫자라도 어느 자리에 있느냐에 따라 나타내는 수가 다릅니다.

4 4 4 4
→ 천의 자리 숫자, 4000
→ 백의 자리 숫자, 400
→ 십의 자리 숫자, 40
→ 일의 자리 숫자, 4

1
단원

[13~15] 수 배열표를 보고 물음에 답하세요.

3300	3400	3500	3600	3700
4300	4400	4500	▲	4700
5300	5400	5500	5600	5700
6300	6400	★	6600	6700
7300	7400	7500	7600	7700

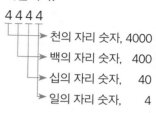

수 배열표에서 오른쪽으로 한 칸 갈 때마다 100씩, 아래로 한 칸 갈 때마다 1000씩 커져요.

13 ▲에 들어갈 수는 얼마일까요?

(   )

14 ★에 들어갈 수는 얼마일까요?

(   )

15 ↓, → 는 각각 얼마씩 뛰어 센 것일까요?

↓ [   ] 씩, → [   ] 씩

1 수직선을 보고 ☐ 안에 알맞은 수를 써 넣으세요.

```
  ┼────┼────┼────┼────┼────┼
 950  960  970  980  990 1000
```

☐ 은 990보다 10만큼 더 큰 수입니다.

2 수 모형을 보고 ☐ 안에 알맞은 수를 써넣으세요.

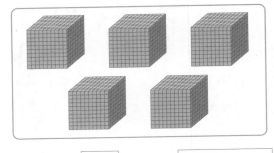

1000이 ☐ 개이면 ☐ 입니다.

3 수를 읽어 보세요.

7000

( )

(4~5) ☐ 안에 알맞은 수를 써넣으세요.

4
1000이 7개 ┐
100이 3개 │
10이 4개 ├이면 ☐
1이 6개 ┘

5

2304는

1000이 ☐ 개
100이 ☐ 개
10이 ☐ 개
1이 ☐ 개

6 ☐ 안에 알맞은 수나 말을 써넣으세요.

1000이 5개, 100이 3개, 10이 7개, 1이 8개인 수는 ☐ 이라 쓰고,

☐

(이)라고 읽습니다.

7 ☐ 안에 알맞은 수를 써넣으세요.

8354에서 천의 자리 숫자 8은

☐ 을, 십의 자리 숫자

☐ 은/는 ☐ 을 나타냅니다.

8 모두 얼마일까요?

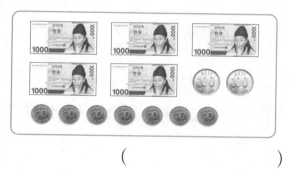

(   )

9 숫자 8이 나타내는 수는 얼마인지 써보세요.

8571 ⇨ (   )

10 숫자 7이 700을 나타내는 수는 어느 것일까요?⋯⋯⋯⋯⋯⋯(   )

① 5417   ② 2719

③ 5327   ④ 7002

⑤ 1478

(11~12) 두 수의 크기를 비교하여 ◯ 안에 > 또는 <를 알맞게 써넣으세요.

11 6098 ◯ 6086

12 5417 ◯ 5801

13 1000원이 되도록 묶었을 때 남는 돈은 얼마일까요?

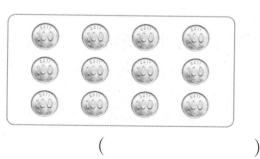

(   )

(14~15) 뛰어 세어 보세요.

14

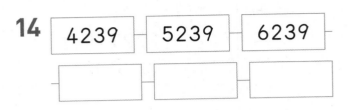

4239	5239	6239

15

6432	6442	6452

16 세 수의 크기를 비교하여 가장 작은 수를 써 보세요.

5247 7120 5218

( )

17 숫자 6이 나타내는 수가 가장 큰 수에 ○표, 가장 작은 수에 △표 하세요.

5264 3625 6942 8256

(18~19) 수 배열표를 보고 물음에 답하세요.

2400	2500	2600	2700	2800
3400	3500	3600	3700	3800
4400	4500	4600	▲	4800
5400	★	5600	5700	5800
6400	6500	6600	6700	6800

18 ▲와 ★에 각각 들어갈 수는 얼마일까요?

▲ ( )

★ ( )

19 ↓, → 는 각각 얼마씩 뛰어 센 것일까요?

↓ [   ] 씩

→ [   ] 씩

20 수 카드 4장을 한 번씩만 사용하여 네 자리 수를 만들려고 합니다. 백의 자리 숫자가 6인 가장 큰 수는 얼마일까요?

1	6	4	8

( )

스스로 학습장은 이 단원에서 배운 것을 확인하는 코너입니다.
몰랐던 것은 꼭 다시 공부해서 내 것으로 만들어 보아요.

🐑 네 자리 수에 대하여 떠오르는 것을 정리해 보세요.

1

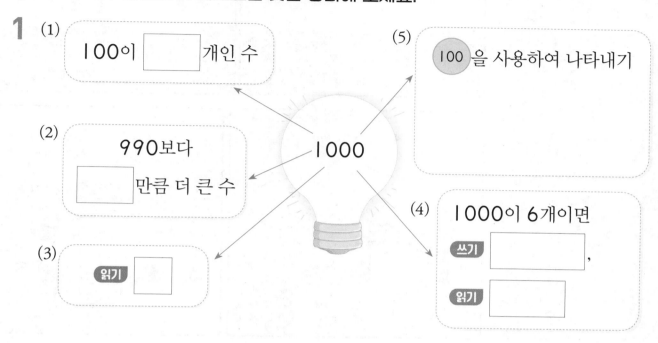

(1) 100이 ☐ 개인 수

(2) 990보다 ☐ 만큼 더 큰 수

(3) 읽기 ☐

(5) 100 을 사용하여 나타내기

(4) 1000이 6개이면
쓰기 ☐ ,
읽기 ☐

2

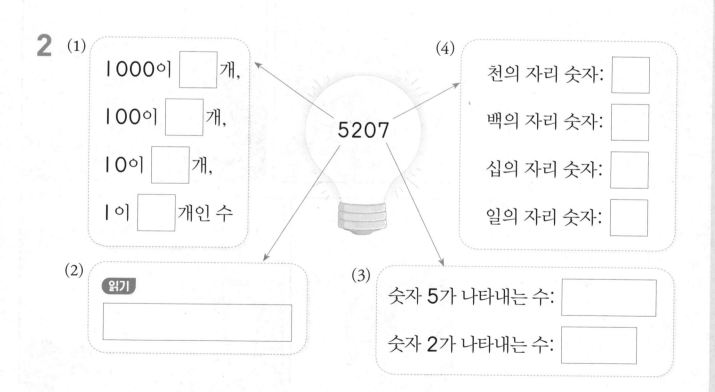

(1) 1000이 ☐ 개,
100이 ☐ 개,
10이 ☐ 개,
1이 ☐ 개인 수

(2) 읽기

(4) 천의 자리 숫자: ☐
백의 자리 숫자: ☐
십의 자리 숫자: ☐
일의 자리 숫자: ☐

(3) 숫자 5가 나타내는 수: ☐
숫자 2가 나타내는 수: ☐

2

곱셈구구

QR 코드를 찍어 개념 동영상
강의를 보세요. 게임도 하고
문제도 풀 수 있어요.

😊 이번에 배울 내용

- 2~9단 곱셈구구 알아보기
- 1단 곱셈구구와 0의 곱 알아
  보기
- 곱셈표 만들기
- 곱셈구구를 이용하기

3의 5배는 3×5이고
3을 5번 더하면 3의 5배는 15!

3의 5배
⇨ 3+3+3+3+3=15
⇨ 3×5=15

2단 곱셈구구를 알아볼까요

2단 곱셈구구는 앞의 곱에 2씩 더해 완성하면 돼.

×	1	2	3	4	5	6	7	8	9
2	2	4	6	8	10	12	14	16	18

2단 곱셈구구에서 곱하는 수가
1씩 커지면 곱은 2씩 커집니다.

개념 클릭

- **2단 곱셈구구**

×	1	2	3	4	5	6	7	8	9
2	2	④	6	8	10	12	⑭	16	18

→ 2×2=4   +2   +2   →2×7=14

⇨ 2단 곱셈구구에서 곱하는 수가 1씩 커지면
   그 곱은 2씩 커집니다.

정답 | ❶ 2

2단 곱셈구구에서는
곱이 ❶□씩 커져요.

1 □ 안에 알맞은 수를 써넣으세요.

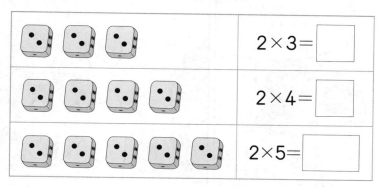

2×3=□

2×4=□

2×5=□

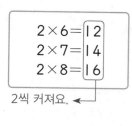

2×6=12
2×7=14
2×8=16

2씩 커져요.

2단 곱셈구구에서
곱이 얼마씩 커지는지
알아봐요.

2단 곱셈구구에서 곱하는 수가 1씩 커지면 곱은 □씩 커집니다.

2 2단 곱셈구구를 완성해 보세요.

×	1	2	3	4	5	6	7	8	9
2	2				10			16	

(3~4) 그림을 보고 빵은 모두 몇 개인지 곱셈식으로 나타내 보세요.

3

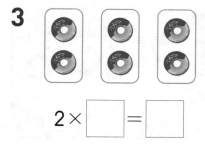

2×□=□

4

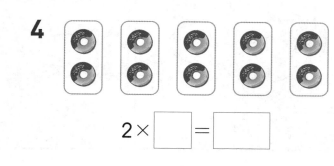

2×□=□

5단 곱셈구구를 알아볼까요

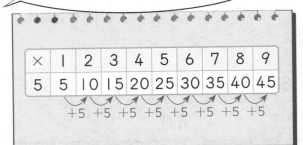

×	1	2	3	4	5	6	7	8	9
5	5	10	15	20	25	30	35	40	45

+5 +5 +5 +5 +5 +5 +5 +5

• 5단 곱셈구구

×	1	2	3	4	5	6	7	8	9
5	5	⑩	15	20	25	㉚	35	40	45

$5 \times 2 = 10$←   +5   +5   →$5 \times 6 = 30$

$5 \times 2 = 10,$
$5 \times 3 =$ ❶ ☐ 예요.

⇨ 5단 곱셈구구에서 곱하는 수가 1씩 커지면
　 그 곱은 5씩 커집니다.

정답 | ❶ 15

1 ☐ 안에 알맞은 수를 써넣으세요.

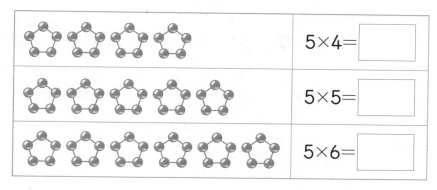

$5 \times 4 =$ ☐

$5 \times 5 =$ ☐

$5 \times 6 =$ ☐

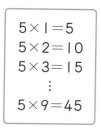

5단
곱셈구구에서는
곱이 5씩 커져요.

$5 \times 1 = 5$
$5 \times 2 = 10$
$5 \times 3 = 15$
⋮
$5 \times 9 = 45$

2 5단 곱셈구구를 완성해 보세요.

×	1	2	3	4	5	6	7	8	9
5	5				25				

[3~4] 한 상자에 막대과자가 5개씩 들어 있습니다. 물음에 답하세요.

3 3상자에 들어 있는 막대과자는 모두 몇 개인지 곱셈식으로 나타내 보세요.

$5 \times$ ☐ $=$ ☐

4 7상자에 들어 있는 막대과자는 모두 몇 개인지 곱셈식으로 나타내 보세요.

$5 \times$ ☐ $=$ ☐

2단 곱셈구구

(1~4) ☐ 안에 알맞은 수를 써넣으세요.

1 2×2=☐

2 2×5=☐

3 2×7=☐

4 2×9=☐

5 2단 곱셈구구를 완성해 보세요.

2×1=　2
2×2=☐
2×3=☐
2×4=☐
2×5=　10
2×6=☐
2×7=☐
2×8=☐
2×9=☐

(6~9) 모두 몇 개인지 곱셈식으로 나타내 보세요.

6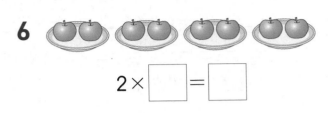

2×☐=☐

7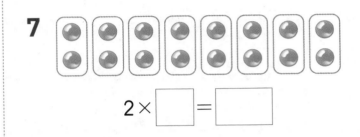

2×☐=☐

8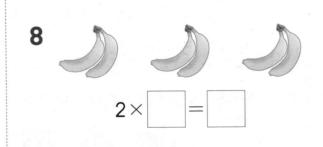

2×☐=☐

9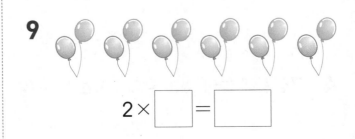

2×☐=☐

월 ◯ 일 ◯

● 5단 곱셈구구

(10~13) ☐ 안에 알맞은 수를 써넣으세요.

10 $5 \times 2 = $ ☐

11 $5 \times 3 = $ ☐

12 $5 \times 7 = $ ☐

13 $5 \times 8 = $ ☐

14 5단 곱셈구구를 완성해 보세요.

$5 \times 1 =$	5
$5 \times 2 =$	10
$5 \times 3 =$	☐
$5 \times 4 =$	☐
$5 \times 5 =$	☐
$5 \times 6 =$	☐
$5 \times 7 =$	☐
$5 \times 8 =$	☐
$5 \times 9 =$	☐

(15~18) 모두 몇 개인지 곱셈식으로 나타내 보세요.

15

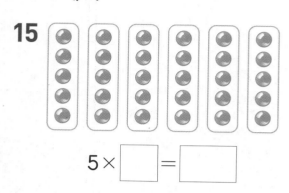

$5 \times$ ☐ $=$ ☐

16

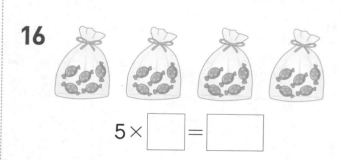

$5 \times$ ☐ $=$ ☐

17

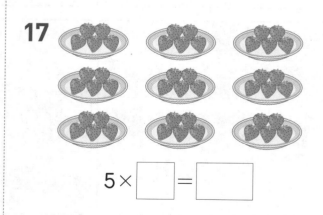

$5 \times$ ☐ $=$ ☐

18

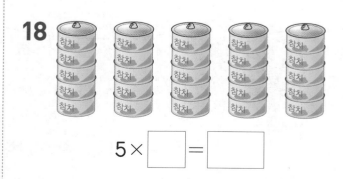

$5 \times$ ☐ $=$ ☐

3단 곱셈구구를 알아볼까요

3단 곱셈구구를 이용하면
3×6=18이니까 모두 18마리지.

×	1	2	3	4	5	6	7	8	9
3	3	6	9	12	15	18	21	24	27

3마리씩 6그루 ⇨ 3×6=18

개념 클릭

• 3단 곱셈구구

×	l	2	3	4	5	6	7	8	9
3	3	⑥	9	l2	l5	l8	㉑	24	27

→ 3×2=6   +3   +3   →3×7=21

⇨ 3단 곱셈구구에서 곱하는 수가 l씩 커지면
   그 곱은 3씩 커집니다.

3×3은 3×2보다
❶ ☐ 만큼 더 커요.

정답 | ❶ 3

1 ☐ 안에 알맞은 수를 써넣으세요.

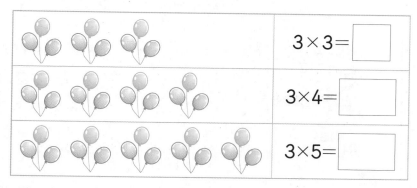

3×3= ☐

3×4= ☐

3×5= ☐

3단 곱셈구구에서는
곱이 3씩 커져요.

3×l=3
3×2=6
3×3=9
⋮
3×9=27

2 3단 곱셈구구를 완성해 보세요.

×	l	2	3	4	5	6	7	8	9
3		6					2l		

〔3~4〕 한 봉지에 사탕이 3개씩 들어 있습니다. 물음에 답하세요.

3 4봉지에 들어 있는 사탕은 모두 몇 개인지 곱셈식으로 나타내 보세요.

3× ☐ = ☐

4 7봉지에 들어 있는 사탕은 모두 몇 개인지 곱셈식으로 나타내 보세요.

3× ☐ = ☐

앞의 곱에 6씩 더해서 6단 곱셈구구를 완성할 수 있어.

×	1	2	3	4	5	6	7	8	9
6	6	12	18	24	30	36	42	48	54

6단 곱셈구구에서 곱하는 수가
1씩 커지면 곱은 6씩 커집니다.

개념 클릭

월   일

• 6단 곱셈구구

×	1	2	3	4	5	6	7	8	9
6	6	12	⑱	24	30	36	42	㊽	54

6×3=18◀   +6   +6   ▶6×8=48

⇨ 6단 곱셈구구에서 곱하는 수가 1씩 커지면
그 곱은 6씩 커집니다.

6×3은 6×2보다
❶ 만큼 더 커요.

정답 | ❶ 6

1 ☐ 안에 알맞은 수를 써넣으세요.

(1) $6 \times 2 =$ ☐   (2) $6 \times 4 =$ ☐

(3) $6 \times 6 =$ ☐   (4) $6 \times 9 =$ ☐

6단
곱셈구구에서는
곱이 6씩 커져요.

$6 \times 1 = 6$ ↘ +6
$6 \times 2 = 12$ ↙ +6
$6 \times 3 = 18$ ↙
⋮

2 6단 곱셈구구를 완성해 보세요.

×	1	2	3	4	5	6	7	8	9
6	6					36			

(3~4) 그림을 보고 초콜릿은 모두 몇 개인지 곱셈식으로 나타내 보세요.

3

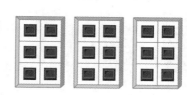

$6 \times$ ☐ $=$ ☐

4

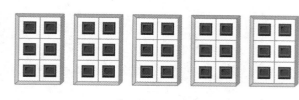

$6 \times$ ☐ $=$ ☐

3단 곱셈구구

(1~4) ☐ 안에 알맞은 수를 써넣으세요.

1 $3 \times 2 = $ ☐

2 $3 \times 4 = $ ☐

3 $3 \times 8 = $ ☐

4 $3 \times 9 = $ ☐

5 3단 곱셈구구를 완성해 보세요.

$3 \times 1 = \quad 3$
$3 \times 2 = \quad 6$
$3 \times 3 = $ ☐
$3 \times 4 = $ ☐
$3 \times 5 = $ ☐
$3 \times 6 = \quad 18$
$3 \times 7 = $ ☐
$3 \times 8 = $ ☐
$3 \times 9 = $ ☐

(6~9) 모두 몇 개인지 곱셈식으로 나타내 보세요.

6

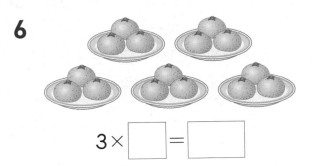

$3 \times$ ☐ $=$ ☐

7

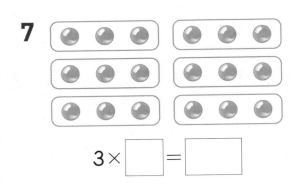

$3 \times$ ☐ $=$ ☐

8

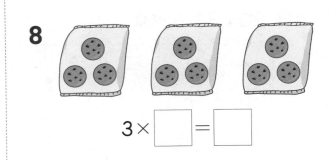

$3 \times$ ☐ $=$ ☐

9

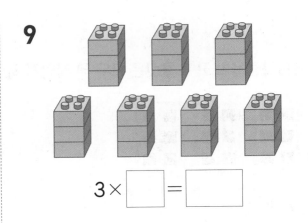

$3 \times$ ☐ $=$ ☐

● 6단 곱셈구구

(10~13) □ 안에 알맞은 수를 써넣으세요.

10 6×3=□

11 6×5=□

12 6×7=□

13 6×9=□

14 6단 곱셈구구를 완성해 보세요.

6×1 = 6
6×2 = □
6×3 = □
6×4 = □
6×5 = □
6×6 = □
6×7 = □
6×8 = 48
6×9 = □

(15~18) 모두 몇 개인지 곱셈식으로 나타내 보세요.

15

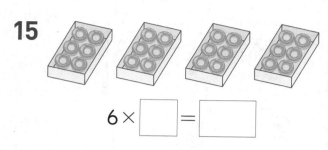

6×□=□

16

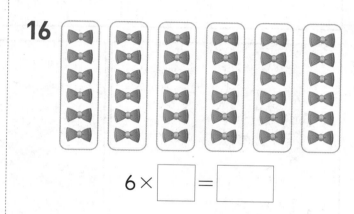

6×□=□

17

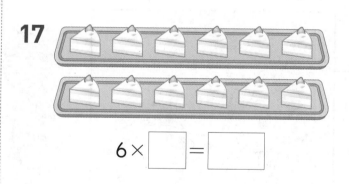

6×□=□

18

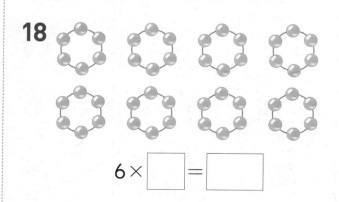

6×□=□

4단 곱셈구구를 알아볼까요

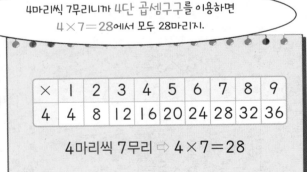

4마리씩 7무리니까 4단 곱셈구구를 이용하면
4×7=28에서 모두 28마리지.

×	1	2	3	4	5	6	7	8	9
4	4	8	12	16	20	24	28	32	36

4마리씩 7무리 ⇨ 4×7=28

• 4단 곱셈구구

×	1	2	3	4	5	6	7	8	9
4	4	8	12	16	20	24	28	32	36

+4   +4   →4×4=16

→4×7= **❶**

4단 곱셈구구에서는 곱이 **❷** 씩 커져요.

⇨ 4단 곱셈구구에서 곱하는 수가 1씩 커지면
그 곱은 4씩 커집니다.

정답 | ❶ 28   ❷ 4

1 □ 안에 알맞은 수를 써넣으세요.

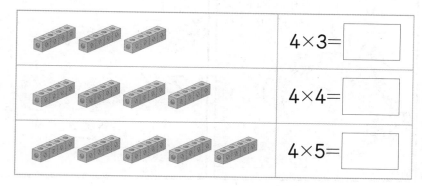

4×3=

4×4=

4×5=

4단 곱셈구구를 어떻게 만들까?

4씩 계속 더해서 만들 수 있어.

2 4단 곱셈구구를 완성해 보세요.

×	1	2	3	4	5	6	7	8	9
4	4					24			

[3~4] 잠자리 한 마리의 날개는 4장입니다. 물음에 답하세요.

3 잠자리 3마리의 날개는 모두 몇 장인지 곱셈식으로 나타내 보세요.

4× □ = □

4 잠자리 8마리의 날개는 모두 몇 장인지 곱셈식으로 나타내 보세요.

4× □ = □

8단 곱셈구구를 알아볼까요

8단 곱셈구구는 앞의 곱에
8씩 더해 완성해요.

×	1	2	3	4	5	6	7	8	9
8	8	16	24	32	40	48	56	64	72

8단 곱셈구구에서 곱하는 수가
1씩 커지면 곱은 8씩 커집니다.

• 8단 곱셈구구

×	1	2	3	4	5	6	7	8	9
8	8	16	24	32	40	48	56	64	72

+8 +8

8×4=❶ □

8×8=64

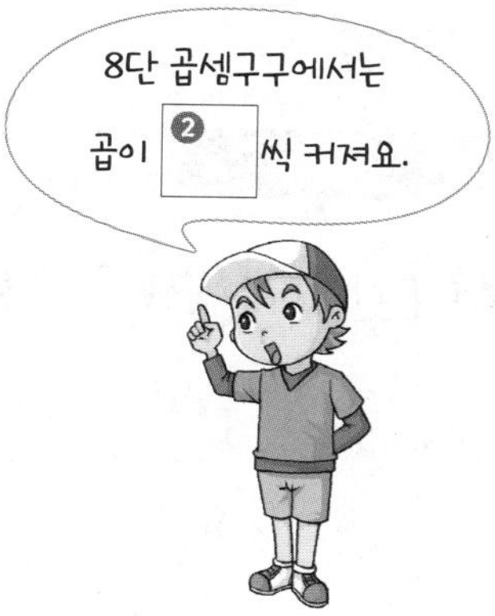
8단 곱셈구구에서는
곱이 ❷ □ 씩 커져요.

⇨ 8단 곱셈구구에서 곱하는 수가 1씩 커지면 그 곱은 8씩 커집니다.

정답 | ❶ 32 ❷ 8

1 □ 안에 알맞은 수를 써넣으세요.

(1) 8×3=□ (2) 8×6=□

(3) 8×7=□ (4) 8×9=□

8×1=8
8×2=16 +8
8×3=24 +8
8×4=32 +8
⋮

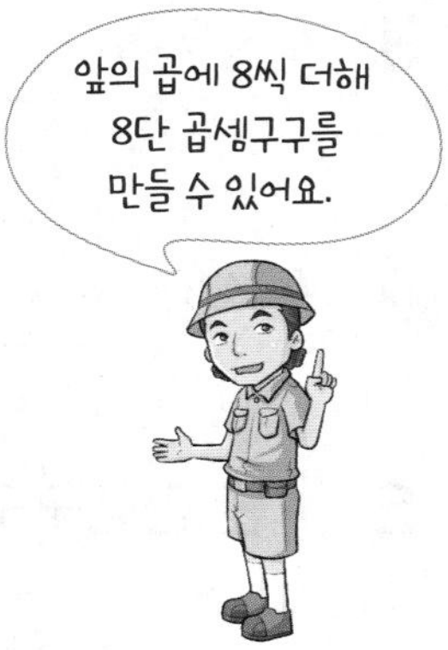
앞의 곱에 8씩 더해
8단 곱셈구구를
만들 수 있어요.

2 8단 곱셈구구를 완성해 보세요.

×	1	2	3	4	5	6	7	8	9
8	8				40				

(3~4) 그림을 보고 빵은 모두 몇 개인지 곱셈식으로 나타내 보세요.

3

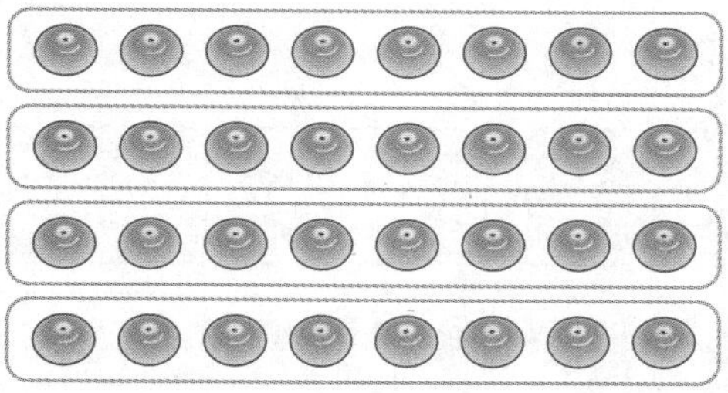

8×□=□

4

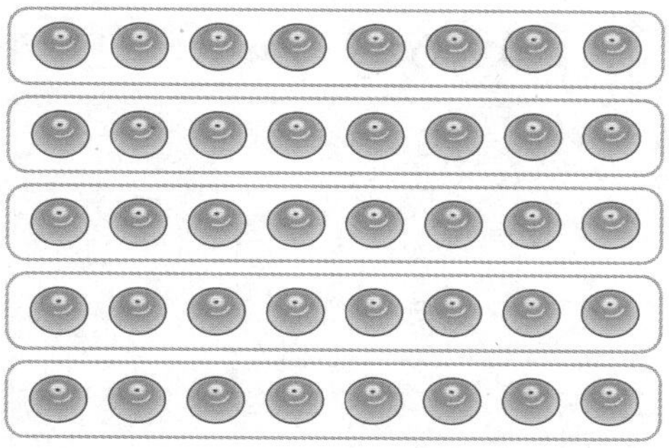

8×□=□

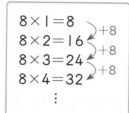

4단 곱셈구구

(1~4) ☐ 안에 알맞은 수를 써넣으세요.

1 $4 \times 3 = $ ☐

2 $4 \times 5 = $ ☐

3 $4 \times 7 = $ ☐

4 $4 \times 9 = $ ☐

5 4단 곱셈구구를 완성해 보세요.

$4 \times 1 = \quad 4$
$4 \times 2 = $ ☐
$4 \times 3 = $ ☐
$4 \times 4 = $ ☐
$4 \times 5 = $ ☐
$4 \times 6 = \quad 24$
$4 \times 7 = $ ☐
$4 \times 8 = $ ☐
$4 \times 9 = $ ☐

(6~9) 모두 몇 개인지 곱셈식으로 나타내 보세요.

6

$4 \times$ ☐ $=$ ☐

7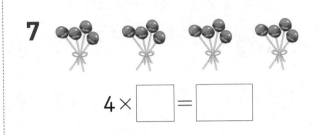

$4 \times$ ☐ $=$ ☐

8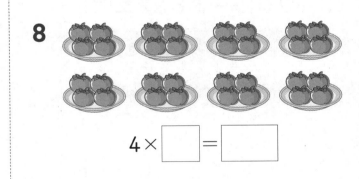

$4 \times$ ☐ $=$ ☐

9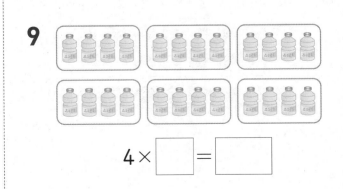

$4 \times$ ☐ $=$ ☐

● 8단 곱셈구구

(10~13) □ 안에 알맞은 수를 써넣으세요.

10 $8 \times 2 = $ ☐

11 $8 \times 4 = $ ☐

12 $8 \times 7 = $ ☐

13 $8 \times 8 = $ ☐

14 8단 곱셈구구를 완성해 보세요.

$8 \times 1 = \quad 8$
$8 \times 2 = $ ☐
$8 \times 3 = $ ☐
$8 \times 4 = $ ☐
$8 \times 5 = \quad 40$
$8 \times 6 = $ ☐
$8 \times 7 = $ ☐
$8 \times 8 = $ ☐
$8 \times 9 = $ ☐

(15~18) 모두 몇 개인지 곱셈식으로 나타내
보세요.

15

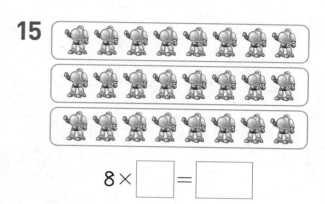

$8 \times$ ☐ $=$ ☐

16

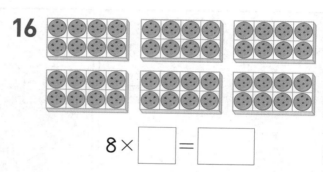

$8 \times$ ☐ $=$ ☐

17

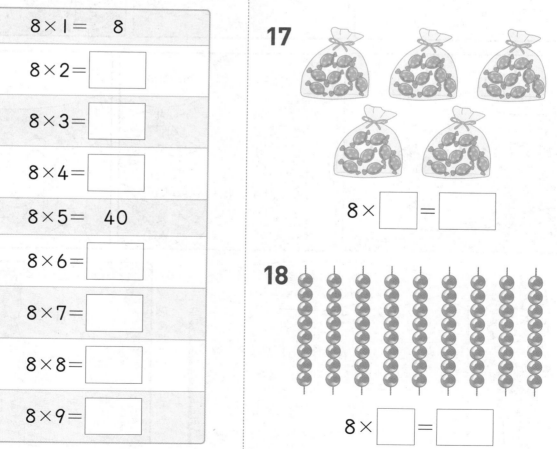

$8 \times$ ☐ $=$ ☐

18

$8 \times$ ☐ $=$ ☐

7단 곱셈구구를 알아볼까요

모두 조심해요.

다들 괜찮아요?

난 괜찮단다.

엄청 큰 쇠똥이었어.

타… 타루야!

타루가 다친 것 같아.

어떡하지?

아! 타루의 마법 카드를 이용하자.

여기 어디쯤 있을텐데.

찾았다!

이리 줘 봐.

꽃 한 송이에 벌이 7마리씩 있을 때 8송이에 있는 벌의 수는?

7단 곱셈구구를 이용하면
7×8=56이니까 모두 56마리지.

×	1	2	3	4	5	6	7	8	9
7	7	14	21	28	35	42	49	56	63

7마리씩 8송이 ⇨ 7×8=56

됐다! 약 상자가 생겼어.

삥

개념 클릭

• 7단 곱셈구구

×	1	2	3	4	5	6	7	8	9
7	7	14	21	28	35	42	49	56	63

+7   +7   →7×4=28   →7×7=49

⇨ 7단 곱셈구구에서 곱하는 수가 1씩 커지면
그 곱은 7씩 커집니다.

7단 곱셈구구에서는
곱이 ① 씩 커져요.

정답 | ① 7

2
단원

1 ☐ 안에 알맞은 수를 써넣으세요.

	7×2= ☐
	7×3= ☐
	7×4= ☐

앞의 곱에 7씩
더하면서 7단 곱셈구구를
할 수 있어요.

2 7단 곱셈구구를 완성해 보세요.

×	1	2	3	4	5	6	7	8	9
7	7					42			

(3~4) 한 다발에 장미가 7송이씩 있습니다. 물음에 답하세요.

3 꽃다발 4개에 있는 장미는 모두 몇 송이인지 곱셈식으로 나타내 보세요.

7 × ☐ = ☐

4 꽃다발 6개에 있는 장미는 모두 몇 송이인지 곱셈식으로 나타내 보세요.

7 × ☐ = ☐

9단 곱셈구구를 알아볼까요

타루야, 괜찮아?

으으~

강길아~, 치료해 줘서 고마워.

나 아닌데….

치료는 내가 해 줬는데….

그런데 타루가 다리를 다쳐서 걷기 힘들겠구나.

그럼, 아저씨가 타루를 업어 주세요.

난 허리가 안 좋아서….

괜찮아, 혼자 갈 수 있어.

업으려고 했어~

아저씨!

대신 이 문제를 풀어주세요.

이건 9단 곱셈구구를 완성하는 문제구나.

9단 곱셈구구에서 곱하는 수가 1씩 커지면 곱은 9씩 커져요.

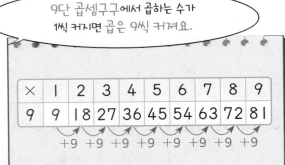

×	1	2	3	4	5	6	7	8	9
9	9	18	27	36	45	54	63	72	81

+9 +9 +9 +9 +9 +9 +9 +9

이제 놀라지 마세요.

왜?

오빠, 저기 비행기야!

비행기?

으아악~ 엄청 큰 잠자리다!!

개념 클릭

• 9단 곱셈구구

×	1	2	3	4	5	6	7	8	9
9	9	⑱	27	36	45	54	㊳	72	81

→ 9×2=18   +9   +9   9×7= **❶**

9에 곱하는 수가 1씩 커지면 곱은 **❷** 씩 커져요.

⇨ 9단 곱셈구구에서 곱하는 수가 1씩 커지면
   그 곱은 9씩 커집니다.

정답 | ❶ 63 ❷ 9

1 □ 안에 알맞은 수를 써넣으세요.

(1) 9 × 2 = ☐   (2) 9 × 5 = ☐

(3) 9 × 7 = ☐   (4) 9 × 9 = ☐

9단 곱셈구구에서는 곱이 9씩 커져요.

2 9단 곱셈구구를 완성해 보세요.

×	1	2	3	4	5	6	7	8	9
9						54			

[3~4] 그림을 보고 구슬은 모두 몇 개인지 곱셈식으로 나타내 보세요.

3

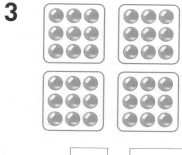

9 × ☐ = ☐

4

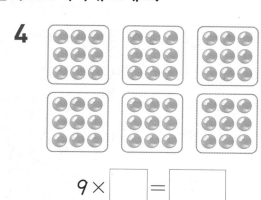

9 × ☐ = ☐

2
단원

7단 곱셈구구

(1~4) □ 안에 알맞은 수를 써넣으세요.

1 $7 \times 3 =$

2 $7 \times 5 =$

3 $7 \times 6 =$

4 $7 \times 9 =$

5 7단 곱셈구구를 완성해 보세요.

$7 \times 1 =$	7
$7 \times 2 =$	14
$7 \times 3 =$	
$7 \times 4 =$	
$7 \times 5 =$	
$7 \times 6 =$	42
$7 \times 7 =$	
$7 \times 8 =$	
$7 \times 9 =$	

(6~9) 모두 몇 개인지 곱셈식으로 나타내 보세요.

6

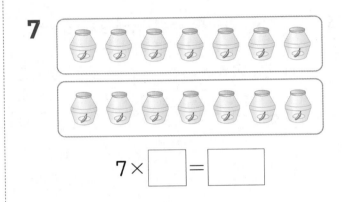

$7 \times \boxed{} = \boxed{}$

7

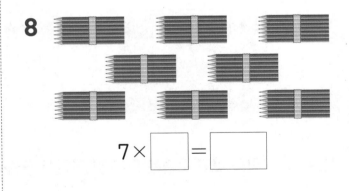

$7 \times \boxed{} = \boxed{}$

8

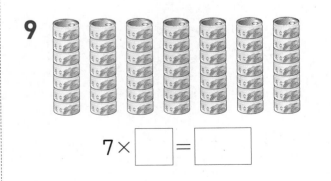

$7 \times \boxed{} = \boxed{}$

9

$7 \times \boxed{} = \boxed{}$

월 일

9단 곱셈구구

(10~13) ☐ 안에 알맞은 수를 써넣으세요.

10 $9 \times 2 = $ ☐

11 $9 \times 4 = $ ☐

12 $9 \times 6 = $ ☐

13 $9 \times 7 = $ ☐

14 9단 곱셈구구를 완성해 보세요.

$9 \times 1 = \quad 9$
$9 \times 2 = $ ☐
$9 \times 3 = $ ☐
$9 \times 4 = $ ☐
$9 \times 5 = \quad 45$
$9 \times 6 = $ ☐
$9 \times 7 = $ ☐
$9 \times 8 = $ ☐
$9 \times 9 = $ ☐

(15~18) 모두 몇 개인지 곱셈식으로 나타내 보세요.

15

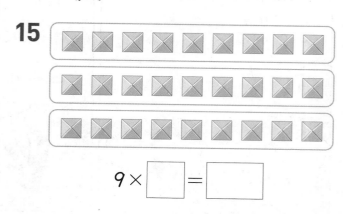

$9 \times $ ☐ $= $ ☐

16

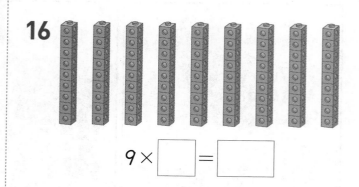

$9 \times $ ☐ $= $ ☐

17

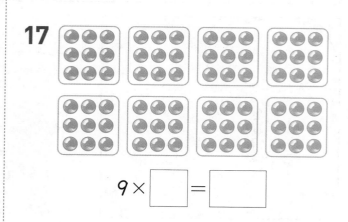

$9 \times $ ☐ $= $ ☐

18

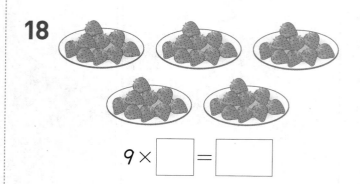

$9 \times $ ☐ $= $ ☐

1단 곱셈구구와 0의 곱을 알아볼까요

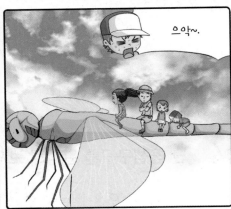

1과 어떤 수의 곱은 항상 어떤 수예요.

×	1	2	3	4	5	6	7	8	9
1	1	2	3	4	5	6	7	8	9

1×(어떤 수)=(어떤 수)

월   일

- 1단 곱셈구구 ──▶ 1×(어떤 수)=(어떤 수)

×	1	2	3	4	5	6	7	8	9
1	1	2	3	4	5	6	7	8	9

1×7= **①** 이고

0×7= **②** 이에요.

- 0의 곱
  - 0과 어떤 수의 곱은 항상 0입니다. ──▶ 0×(어떤 수)=0
  - 어떤 수와 0의 곱은 항상 0입니다. ──▶ (어떤 수)×0=0

정답 | **①** 7 **②** 0

2
단원

1 ☐ 안에 알맞은 수를 써넣으세요.

(1) 1×6= ☐

(2) 1×8= ☐

(3) 1×2= ☐

(4) 0×9= ☐

(5) 4×0= ☐

(6) 3×0= ☐

1과 어떤 수의 곱은 항상 어떤 수야.

0×(어떤 수), (어떤 수)×0은 모두 0이야.

2 접시에 담겨져 있는 사과는 모두 몇 개인지 곱셈식으로 나타내 보세요.

1× ☐ = ☐

3 어항에 있는 물고기는 모두 몇 마리인지 곱셈식으로 나타내 보세요.

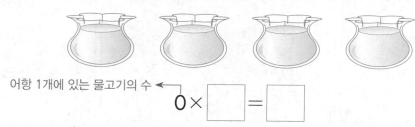

어항 1개에 있는 물고기의 수 ◀

0× ☐ = ☐

2. 곱셈구구 **63**

곱셈표를 만들어 볼까요

곱셈표에서 2 × 4와 4 × 2는 곱이 같아.

×	1	2	3	4
1	1	2	3	4
2	2	4	6	8
3	3	6	9	12
4	4	8	12	16

2×4=8, 4×2=8
➡ 곱하는 두 수의 순서를
서로 바꾸어도 곱이 같
습니다.

개념 클릭

· 곱셈표 만들기

×	1	2	3	4	5
1	1	2	3	4	5
2	2	4	6	8	10
3	3	6	9	12	15
4	4	8	12	16	20
5	5	10	15	20	25

· 2단 곱셈구구는 곱이 2씩 커집니다.

· 4단 곱셈구구는 곱이 ❶☐ 씩 커집니다.

· 곱셈에서 곱하는 두 수의 순서를 서로 바꾸어도 곱이 같습니다.

$$2 \times 4 = 8, \ 4 \times 2 = 8$$

정답 | ❶ 4

(1~4) 오른쪽 곱셈표를 보고 물음에 답하세요.

×	1	2	3	4	5	6	7	8	9
1	1	2	3	4	5	6	7	8	9
2	2	4			10	12	14	16	18
3	3		9		15		21		27
4	4	8	12	16	20	24	28		
5	5	10	15			30	35	40	45
6	6	12	18	24	30		42	48	
7	7	14	21	28			49	56	63
8	8	16	24			48	56	64	72
9	9	18	27	36			63	72	81

1 빈칸에 알맞은 수를 써넣어 곱셈표를 완성해 보세요.

2 5단 곱셈구구에서 곱하는 수가 1씩 커지면 그 곱은 얼마씩 커지나요?

(　　　　　　)

3 곱셈표에서 4×7과 7×4의 곱을 찾아 색칠해 보세요.

4 4×7과 7×4의 곱을 비교해 보세요.

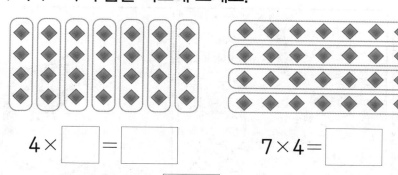

$$4 \times \boxed{} = \boxed{} \qquad 7 \times 4 = \boxed{}$$

⇨ 두 곱이 ☐ (으)로 같습니다.

곱셈에서 두 수의 순서를 바꾸어 곱해도 곱이 같아요!

곱셈구구를 이용하여 문제를 해결해 볼까요

이런 곳에 집이 있다니 신기하네.

타루야, 집에는 왜 온 거야?

다리를 낫게 해주는 마법 약이 여기 있거든.

약을 먹으면 금방 나을 거야.

강길아, 파란 병 좀 꺼내 줄래?

응~.

여기 있어.

고마워!

마법 약을 5알씩 4번 먹으면 돼.

그럼, 모두 몇 알을 먹는 거야?

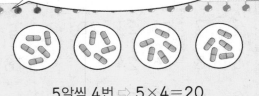

5단 곱셈구구를 이용하면 5×4=20이니까 모두 20알이야.

5알씩 4번 ⇨ 5×4=20

꿀 꺽

타루야, 이제 다시 게임을 하자.

그래, 좋아!

이제 누가 던질 차례지?

저요. 제가 던질게요.

그럼 밖으로 나가서 게임을 해요.

개념 클릭

· 곱셈구구를 이용하여 문제 해결하기

한 접시에 사과가 3개씩 담겨 있습니다.

⇨ 사과는 3개씩 5접시이므로 $3 \times 5 =$ **❶** ⬜ 에서 모두

❷ ⬜ 개입니다.

사과의 수는 3단 곱셈구구로 알아봐요.

정답 | ❶ 15 ❷ 15

1 한 접시에 곶감이 4개씩 담겨 있습니다. 8접시에 담겨 있는 곶감은 모두 몇 개인지 곱셈구구로 알아보세요.

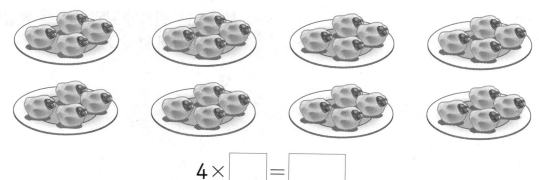

$4 \times$ ⬜ $=$ ⬜

2 연필꽂이에 연필이 6자루씩 꽂혀 있습니다. 연필꽂이 5개에 꽂혀 있는 연필은 모두 몇 자루인지 곱셈구구로 알아보세요.

곱셈구구를 이용하여 연필의 수를 구해봐요.

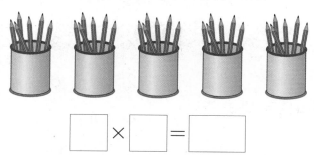

⬜ $\times$ ⬜ $=$ ⬜

3 공원에 3명씩 앉을 수 있는 의자가 7개 있습니다. 모두 몇 명이 앉을 수 있는지 곱셈구구로 알아보세요.

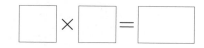

⬜ $\times$ ⬜ $=$ ⬜

2 단원

1단 곱셈구구와 0의 곱

(1~6) ☐ 안에 알맞은 수를 써넣으세요.

1 $1 \times 4 = \boxed{}$

2 $3 \times 0 = \boxed{}$

3 $7 \times 0 = \boxed{}$

4 $1 \times 9 = \boxed{}$

5 $0 \times 5 = \boxed{}$

6 $0 \times 6 = \boxed{}$

7 감은 모두 몇 개인지 곱셈식으로 나타내 보세요.

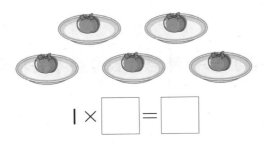

$1 \times \boxed{} = \boxed{}$

8 꽃은 모두 몇 송이인지 곱셈식으로 나타내 보세요.

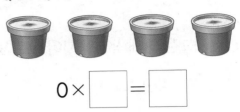

$0 \times \boxed{} = \boxed{}$

곱셈표 만들기

(9~10) 빈칸에 알맞은 수를 써넣어 곱셈표를 완성해 보세요.

9

×	2	3	4
3	6		
4		12	
5			20

10

×	1	3	5	7
2		6		
4	4			28
6		18		
8	8			56

(11~14) 곱셈표를 보고 물음에 답하세요.

×	1	2	3	4	5	6
1	1	2			5	
2		4	6			12
3	3		9	12		
4			12	16	20	
5		10	15	20		
6	6	12		24		36

11 빈칸에 알맞은 수를 써넣어 곱셈표를 완성해 보세요.

12 4단 곱셈구구에서 곱하는 수가 1씩 커지면 그 곱은 얼마씩 커지나요?

⬚ 씩 커집니다.

13 곱셈표에서 4×5와 곱이 같은 곱셈구구를 찾아보세요.

⬚ × ⬚

14 곱셈표에서 5×3과 곱이 같은 곱셈구구를 찾아보세요.

⬚ × ⬚

15 한 봉지에 사탕이 6개씩 담겨 있습니다. 5봉지에 담겨 있는 사탕은 모두 몇 개인지 곱셈구구로 알아보세요.

6 × ⬚ = ⬚

16 세발자전거 1대의 바퀴는 3개입니다. 세발자전거 7대의 바퀴는 모두 몇 개인지 곱셈구구로 알아보세요.

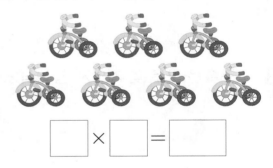

⬚ × ⬚ = ⬚

17 통조림이 4개씩 쌓여 있습니다. 통조림은 모두 몇 개인지 곱셈구구로 알아보세요.

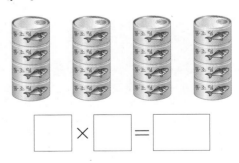

⬚ × ⬚ = ⬚

1 초콜릿은 모두 몇 개인지 곱셈식으로 나타내 보세요.

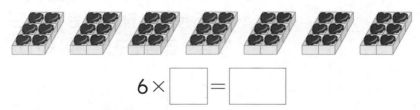

$6 \times \boxed{} = \boxed{}$

다시 확인

2 사과가 모두 몇 개인지 곱셈식으로 나타내 보세요.

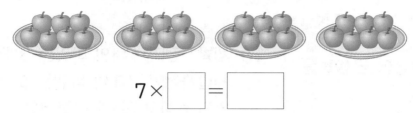

$7 \times \boxed{} = \boxed{}$

• 사과가 7개씩 ▲접시
　⇨ 7×▲

3 구슬은 모두 몇 개인지 곱셈식으로 나타내 보세요.

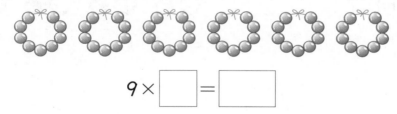

$9 \times \boxed{} = \boxed{}$

4 5개씩 묶어 보고 곱셈식으로 나타내 보세요.

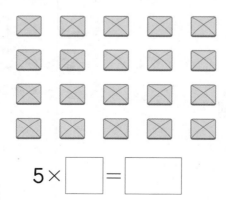

$5 \times \boxed{} = \boxed{}$

5개씩
●묶음이면
5×●예요.

5 그림을 보고 알맞은 곱셈식으로 나타내 보세요.

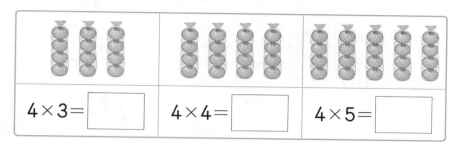

$4 \times 3 = \boxed{}$ $4 \times 4 = \boxed{}$ $4 \times 5 = \boxed{}$

다시 확인

· 4단 곱셈구구에서 곱하는 수 가 1씩 커지면 그 곱은 4씩 커집니다.

6 2단 곱셈구구의 값을 찾아 선으로 이어 보세요.

2×6 ·   · 14

2×9 ·   · 12

2×7 ·   · 18

2단 곱셈구구를 외워 값을 찾아봐요.

7 상자 1개에 케이크가 1개씩 들어 있습니다. 케이크의 수를 곱셈식으로 나타내 보세요.

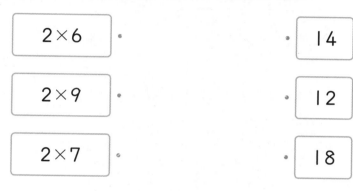

$1 \times 2 = \boxed{}$ $1 \times \boxed{} = \boxed{}$ $1 \times \boxed{} = \boxed{}$

· $1 \times$ (어떤 수)는 항상 어떤 수 입니다.

8 ☐ 안에 알맞은 수를 써넣으세요.

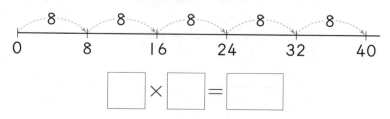

$\boxed{} \times \boxed{} = \boxed{}$

· 8씩 몇 번 뛰었는지 알아봅 니다.

8씩 ▲번 ⇨ $8 \times ▲$

9 ☐ 안에 알맞은 수를 써넣으세요.

(1) $0 \times 5 =$ ☐

(2) $8 \times 0 =$ ☐

(3) $9 \times 0 =$ ☐

(4) $0 \times 2 =$ ☐

10 빈칸에 알맞은 수를 써넣으세요.

×	1	3	6	8
4				
8				

11 꽃 한 송이에 꽃잎이 5장씩 있습니다. 꽃잎이 모두 몇 장인지 곱셈식으로 나타내 보세요.

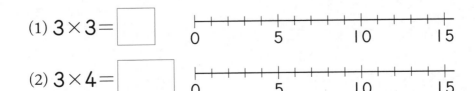

$5 \times$ ☐ $=$ ☐

$5 \times$ ☐ $=$ ☐

$5 \times$ ☐ $=$ ☐

• 꽃 한 송이에 꽃잎이 5장씩이므로 5단 곱셈구구를 이용합니다.

12 곱셈을 수직선에 나타내고 ☐ 안에 알맞은 수를 써넣으세요.

(1) $3 \times 3 =$ ☐

0 — 5 — 10 — 15

(2) $3 \times 4 =$ ☐

0 — 5 — 10 — 15

• 3×3은 3씩 3번, 3×4는 3씩 4번 뛰어 셉니다.

13 빈칸에 알맞은 수를 써넣으세요.

(1)
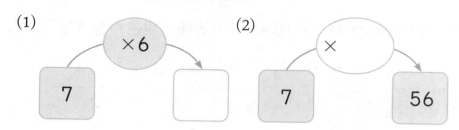

(2)

14 빈칸에 알맞은 수를 써넣어 곱셈표를 완성해 보세요.

(1)

×	3	5	7
2		10	
3		15	
4			28

(2)

×	2	4	7
4			28
7	14		
9		36	

15 사탕이 한 접시에 9개씩 담겨 있습니다. 접시 5개에 담겨 있는 사탕은 모두 몇 개일까요?

(   )

16 한 팀에 선수 5명이 있습니다. 6팀이 모여서 농구 경기를 한다면 선수는 모두 몇 명일까요?

(   )

(1~2) 그림을 보고 ☐ 안에 알맞은 수를 써 넣으세요.

1
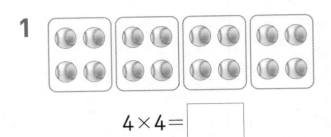

$4 \times 4 =$ ☐

2

$5 \times 6 =$ ☐

(3~4) ☐ 안에 알맞은 수를 써넣으세요.

3
$1 \times 7 =$ ☐
$1 \times 4 =$ ☐

4
$0 \times 6 =$ ☐
$5 \times 0 =$ ☐

(5~6) ☐ 안에 알맞은 수를 써넣으세요.

5
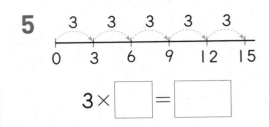

$3 \times$ ☐ $=$ ☐

6
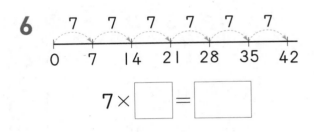

$7 \times$ ☐ $=$ ☐

7 당근은 모두 몇 개인지 곱셈식으로 나타내 보세요.

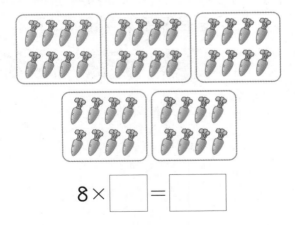

$8 \times$ ☐ $=$ ☐

8 모자는 모두 몇 개인지 7개씩 묶어 보고 □ 안에 알맞은 수를 써넣으세요.

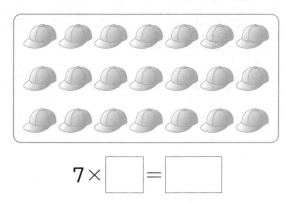

$7 \times \boxed{} = \boxed{}$

9 4단 곱셈구구의 값을 찾아 선으로 이어 보세요.

10 빈칸에 알맞은 수를 써넣으세요.

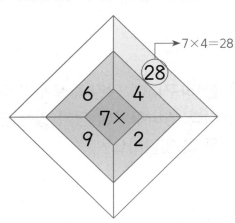

11 빈칸에 알맞은 수를 써넣어 곱셈표를 완성해 보세요.

×	7	8	9
3			27
4		32	
5	35		

12 빈칸에 알맞은 수를 써넣으세요.

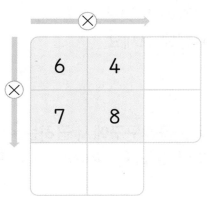

13 곱셈구구를 하여 ○ 안에 >, =, <를 알맞게 써넣으세요.

$\boxed{9 \times 7}$ ◯ $\boxed{8 \times 8}$

[14~17] 곱셈표를 보고 물음에 답하세요.

×	1	2	3	4	5	6	7
1	1	2				6	7
2	2		6	8	10		
3	3			12		18	
4	4		12	16	20		
5	5			20	25		35
6	6		18		30	36	
7	7		21	28			49

14 빈칸에 알맞은 수를 써넣어 곱셈표를 완성해 보세요.

15 7단 곱셈구구에서 곱하는 수가 1씩 커지면 그 곱은 얼마씩 커지나요?

(   )

16 곱셈표에서 5×6과 곱이 같은 곱셈구구를 찾아보세요.

17 곱셈표에서 곱이 35인 곱셈구구를 모두 찾아 써 보세요.

(,   )

18 은주가 공을 꺼내어 공에 적힌 수만큼 점수를 얻는 놀이를 하였습니다. 표를 완성하고 은주가 얻은 점수는 모두 몇 점인지 구하세요.

공에 적힌 수	꺼낸 횟수(번)	점수(점)
0	4	0×4=□
1	3	1×3=□
2	1	2×1=□
3	2	3×2=□

(   )

19 어항 한 개에 금붕어가 3마리씩 들어 있습니다. 어항 7개에 들어 있는 금붕어는 모두 몇 마리일까요?

(   )

20 한 바구니에 달걀이 9개씩 담겨 있습니다. 6바구니에 담겨 있는 달걀은 모두 몇 개일까요?

(   )

◀ 스피드 정답 5쪽 · 정답 및 풀이 25쪽

스스로 학습장은 이 단원에서 배운 것을 확인하는 코너입니다.
몰랐던 것은 꼭 다시 공부해서 내 것으로 만들어 보아요.

😊 설명을 읽고 맞으면 ○표, 틀리면 ×표 하세요.

1 2×4는 2×3보다 2만큼 더 큽니다. ·· ( )

2 5단 곱셈구구에서 곱하는 수가 1씩 커지면 그 곱도 1씩 커집니다. ········· ( )

3 6씩 계속해서 더하여 6단 곱셈구구를 만들 수 있습니다. ·················· ( )

4 어떤 수와 0의 곱은 항상 어떤 수입니다. ······································· ( )

5 사과가 4개씩 6접시이면 사과는 모두 24개입니다. ·························· ( )

6 1과 어떤 수의 곱은 항상 어떤 수입니다. ······································ ( )

7 4×8과 8×4의 곱은 같습니다. ··· ( )

8 구슬이 9개씩 4묶음이면 구슬은 모두 32개입니다. ·························· ( )

😊 맞은 개수 0~3개 ☐
이런! 수학 실력을 더 쌓아야겠네요.

😊 맞은 개수 4~6개 ☐
좀 더 노력하면 수학왕이 될 수 있어요.

😊 맞은 개수 7~8개 ☐
야호! 당신은 수학왕!

3

길이 재기

QR 코드를 찍어 개념 동영상
강의를 보세요. 게임도 하고
문제도 풀 수 있어요.

😊 **이번에 배울 내용**

● cm보다 더 큰 단위 알아
  보기
● 자로 길이 재기
● 길이의 합과 차 구하기
● 길이 어림하기

cm보다 더 큰 단위를 알아볼까요

파브르 아저씨는 어떻게 된 거지?

설마 못 나오신 걸까?

아저버~

미안! 많이 기다렸니?

앵~

손에 그건 뭐예요?

이건 여왕벌이란다.

여왕벌은 왜 데려 왔어요?

너무 예뻐서~.

여…왕벌?

큰일이다. 곧 다른 벌들이 쫓아올 텐데….

진짜 벌들이 몰려오고 있어.

으악~ 타루야, 어떡해?

앵앵~

위이잉잉

한 변이 1 m인 사각형으로 상자를 만들어야겠어.

탕 탕 탕

1 m라고?

100 cm를 1 m라고 해요.
1 m는 1미터라고 읽어요.

1 m

100 cm＝1 m

1 m는 1미터라고 읽습니다.

이제 상자에 여왕벌을 넣으세요.

앗! 벌들이 상자 안으로 들어간다.

슈 슈 슝

휴~ 다행이다.

개념 클릭

- **1 m 알아보기**

  100 cm는 1 m와 같습니다. 1 m는 1미터라고 읽습니다.

  $$100\ cm = 1\ m$$

- **몇 m 몇 cm 알아보기**

  120 cm는 1 m보다 20 cm 더 깁니다.
  120 cm를 1 m 20 cm라고도 씁니다.
  1 m 20 cm를 1미터 20센티미터라고 읽습니다.

  $$120\ cm = 1\ m\ 20\ cm$$

정답 | ❶ 미터

1 선물을 포장할 때 사용한 리본의 길이가 다음과 같았습니다. □ 안에 알맞은 수를 써넣으세요.

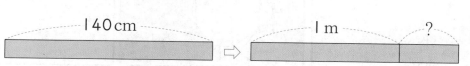

(1) 140 cm는 1 m보다 □ cm 더 깁니다.

(2) 리본의 길이는 □ m □ cm입니다.

(2~5) □ 안에 알맞은 수를 써넣으세요.

2 100 cm = □ m

3 2 m = □ cm

4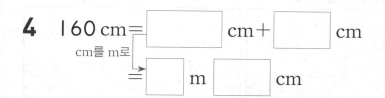

5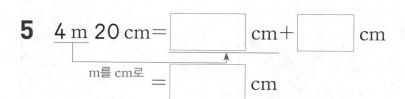

자로 길이를 재어 볼까요

타루야, 정말 고맙다.

뭘요~.

대신 게임이 끝나면 소원을 꼭 들어 주세요.

그래~.

이제 곧 밤인가 봐요.

해가 지는구나.

오늘은 이곳에서 쉬자.

얘들아, 길이가 1 m 20 cm인 나무를 찾아 줄래?

길이가 1 m 20 cm인 나무를 어떻게 찾지?

줄자로 길이를 재어 보면 돼.

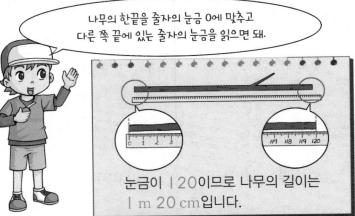

나무의 한끝을 줄자의 눈금 0에 맞추고 다른 쪽 끝에 있는 줄자의 눈금을 읽으면 돼.

눈금이 120이므로 나무의 길이는 1 m 20 cm입니다.

아, 그렇구나. 그럼 나무를 찾으러 가 볼까?

강희야, 같이 가.

난 이쪽으로 가 볼게.

난 저쪽을 찾아볼게.

저 나무가 1 m 20 cm인 것 같은데….

어? 땅이 왜 이래?

개념 클릭

• 줄자를 사용하여 길이 재기

책상의 길이는
❶ ☐ cm이므로
1 m ❷ ☐ cm예요.

① 책상의 한끝을 줄자의 눈금 0에 맞춥니다.

② 책상의 다른 쪽 끝에 있는 줄자의 눈금을 읽습니다.

⇨ 눈금이 120이므로 책상의 길이는 1 m 20 cm입니다.

→ 120 cm

정답 | ❶ 120 ❷ 20

---

1 식탁의 긴 쪽의 길이를 재었습니다. ☐ 안에 알맞은 수를 써넣으세요.

자의 눈금을 읽어
몇 m 몇 cm인지
알아봐요.

자의 눈금이 ☐ 이므로 식탁의 긴 쪽의 길이는

☐ m ☐ cm입니다.

(2~3) 자의 눈금을 읽어 보세요.

2   ☐ cm   ☐ cm = ☐ m ☐ cm

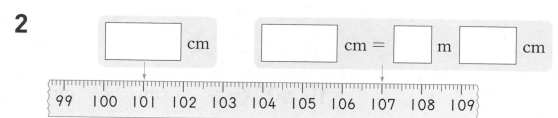

3   ☐ cm   ☐ m ☐ cm

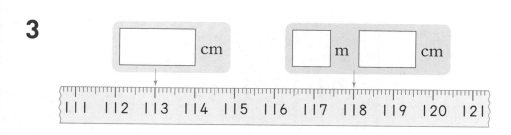

단계 2 개념 집중 연습

cm보다 더 큰 단위 알아보기

(1~2) □ 안에 알맞은 수를 써넣으세요.

1 150 cm
=100 cm+50 cm
=□ m □ cm

2 2 m 70 cm
=□ cm+70 cm
=□ cm

(3~4) 길이를 바르게 읽어 보세요.

3

길이	2 m 7 cm
읽기	

4

길이	4 m 51 cm
읽기	

(5~11) □ 안에 알맞은 수를 써넣으세요.

5 3 m=□ cm

6 7 m=□ cm

7 4 m 74 cm=□ cm

8 273 cm=□ m □ cm

9 3 m 9 cm=□ cm

10 407 cm=□ m □ cm

11 6 m 32 cm=□ cm

자로 길이 재기

(12~15) 자의 눈금을 읽어 보세요.

12 ☐ cm = ☐ m ☐ cm

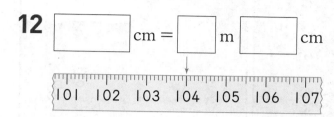

(16~18) 자를 사용하여 물건의 길이를 재었습니다. 물건의 길이는 몇 m 몇 cm 인지 구하세요.

16

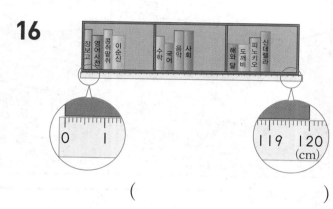

(   )

13 ☐ cm = ☐ m ☐ cm

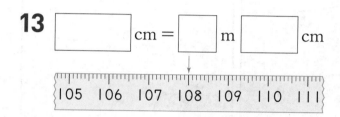

17

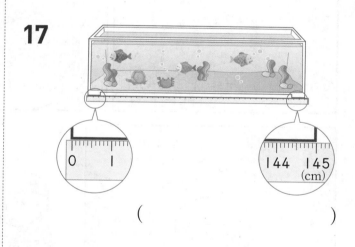

(   )

14 ☐ cm = ☐ m ☐ cm

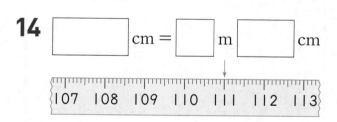

18

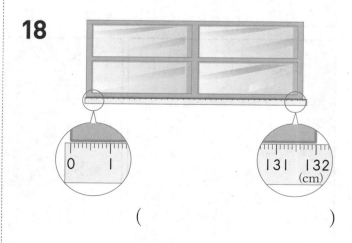

(   )

15 ☐ cm = ☐ m ☐ cm

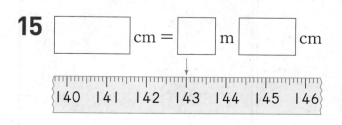

길이의 합을 구해 볼까요

이 정도면 되겠지?

앗! 강희 목소리인데!

강희야, 무슨 일이야?

오빠….

앗! 늪에 빠졌잖아. 어떡하지?

오빠, 도와줘~.

이 나무를 잡아!

손이 안 닿아.

타루가 준 끈끈이 나뭇잎으로 막대를 이어야겠다.

이 두 막대의 길이의 합은 얼마지?

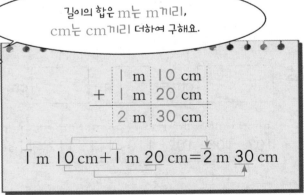

길이의 합은 m는 m끼리, cm는 cm끼리 더하여 구해요.

$$\begin{array}{r} 1\ \text{m}\ \ 10\ \text{cm} \\ +\ \ 1\ \text{m}\ \ 20\ \text{cm} \\ \hline 2\ \text{m}\ \ 30\ \text{cm} \end{array}$$

$$1\ \text{m}\ 10\ \text{cm} + 1\ \text{m}\ 20\ \text{cm} = 2\ \text{m}\ 30\ \text{cm}$$

이걸 잡아!

잡았어!

이제 됐다.

오빠, 고마워.

앞으로 조심해야 해.

응, 알았어.

개념 클릭

• 1 m 10 cm + 1 m 20 cm의 계산

$$
\begin{array}{rrr}
 & 1\ m & 10\ cm \\
+ & 1\ m & 20\ cm \\
\hline
\end{array}
\Rightarrow
\begin{array}{rrr}
 & 1\ m & 10\ cm \\
+ & 1\ m & 20\ cm \\
\hline
 & & 30\ cm \\
\end{array}
\Rightarrow
\begin{array}{rrr}
 & 1\ m & 10\ \ cm \\
+ & 1\ m & 20\ \ cm \\
\hline
 & 2\ m & ❶\quad\ cm \\
\end{array}
$$

10 cm + 20 cm = 30 cm ◀

1 m + 1 m = 2 m →

⇨ 길이의 합은 m는 m끼리, cm는 cm끼리 더하여 구합니다.

정답 | ❶ 30

---

1 1 m 40 cm + 2 m 20 cm를 계산하려고 합니다. 그림을 보고 ☐ 안에 알맞은 수를 써넣으세요.

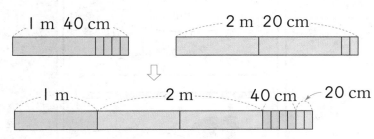

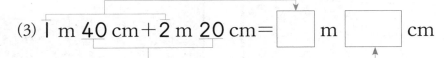

(1) cm끼리 더하면 40 cm + 20 cm = ☐ cm입니다.

(2) m끼리 더하면 1 m + 2 m = ☐ m입니다.

(3) 1 m 40 cm + 2 m 20 cm = ☐ m ☐ cm

[2~5] 길이의 합을 구하세요.

2
$$
\begin{array}{rrr}
 & 1\ m & 41\ cm \\
+ & 4\ m & 23\ cm \\
\hline
 & \boxed{}\ m & \boxed{}\ cm \\
\end{array}
$$

3
$$
\begin{array}{rrr}
 & 3\ m & 64\ cm \\
+ & 4\ m & 19\ cm \\
\hline
 & \boxed{}\ m & \boxed{}\ cm \\
\end{array}
$$

길이의 합은 m는 m끼리, cm는 cm끼리 더해요.

4 5 m 32 cm + 2 m 25 cm
= ☐ m ☐ cm

5 2 m 11 cm + 3 m 45 cm
= ☐ m ☐ cm

길이의 차를 구해 볼까요

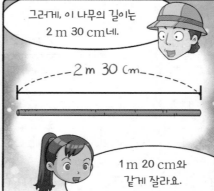

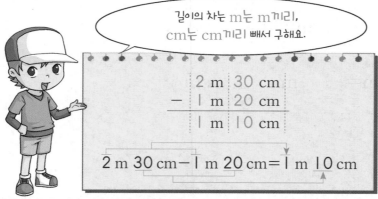

개념 클릭

• 2 m 30 cm − 1 m 20 cm의 계산

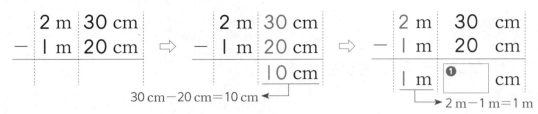

	2 m	30 cm
−	1 m	20 cm

⇨

	2 m	30 cm
−	1 m	20 cm
		10 cm

30 cm − 20 cm = 10 cm ◀

⇨

	2 m	30 cm
−	1 m	20 cm
	1 m	❶ cm

2 m − 1 m = 1 m

⇨ 길이의 차는 m는 m끼리, cm는 cm끼리 빼서 구합니다.

정답 | ❶ 10

1 3 m 80 cm − 2 m 50 cm를 계산하려고 합니다. 그림을 보고 ☐ 안에 알맞은 수를 써넣으세요.

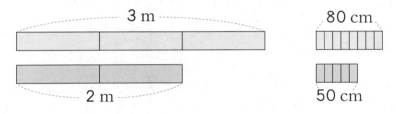

3 m

80 cm

2 m

50 cm

(1) cm끼리 빼면 80 cm − 50 cm = ☐ cm입니다.

(2) m끼리 빼면 3 m − 2 m = ☐ m입니다.

(3) 3 m 80 cm − 2 m 50 cm = ☐ m ☐ cm

(2~5) 길이의 차를 구하세요.

2

	4 m	76 cm
−	2 m	46 cm
	☐ m	☐ cm

3

	9 m	65 cm
−	6 m	38 cm
	☐ m	☐ cm

길이의 차는 m는 m끼리, cm는 cm끼리 빼요.

4 4 m 76 cm − 3 m 55 cm

= ☐ m ☐ cm

5 7 m 48 cm − 5 m 36 cm

= ☐ m ☐ cm

길이의 합 구하기

(1~2) 그림을 보고 ☐ 안에 알맞은 수를 써넣으세요.

1
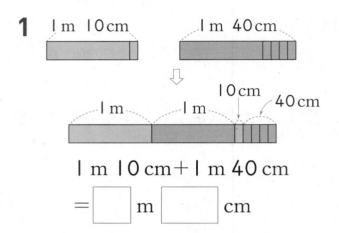

1 m 10 cm + 1 m 40 cm

= ☐ m ☐ cm

2
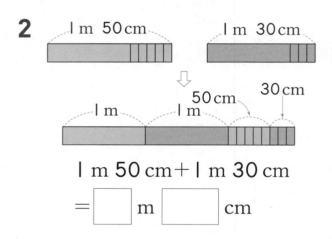

1 m 50 cm + 1 m 30 cm

= ☐ m ☐ cm

(3~10) 길이의 합을 구하세요.

3

		m		cm
	4	m	20	cm
+	2	m	50	cm

☐ m ☐ cm

4

	3	m	60	cm
+	1	m	35	cm

☐ m ☐ cm

5

	1	m	34	cm
+	3	m	25	cm

☐ m ☐ cm

6

	2	m	52	cm
+	3	m	29	cm

☐ m ☐ cm

7

	4	m	45	cm
+	4	m	37	cm

☐ m ☐ cm

8

	6	m	70	cm
+	2	m	18	cm

☐ m ☐ cm

9 5 m 16 cm + 3 m 56 cm

= ☐ m ☐ cm

10 2 m 64 cm + 5 m 27 cm

= ☐ m ☐ cm

스피드 정답 5쪽 · 정답 및 풀이 27쪽

길이의 차 구하기

(11~12) 그림을 보고 ☐ 안에 알맞은 수를 써넣으세요.

11

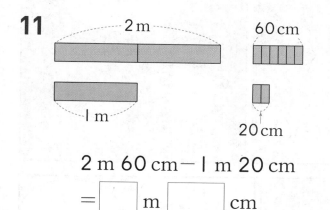

2 m 60 cm − 1 m 20 cm

= ☐ m ☐ cm

12

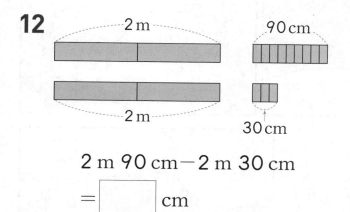

2 m 90 cm − 2 m 30 cm

= ☐ cm

(13~20) 길이의 차를 구하세요.

13

  7 m 50 cm
− 2 m 40 cm

☐ m ☐ cm

14

  6 m 60 cm
− 3 m 15 cm

☐ m ☐ cm

15

  3 m 80 cm
− 1 m 50 cm

☐ m ☐ cm

16

  10 m 76 cm
− 2 m 39 cm

☐ m ☐ cm

17

  5 m 52 cm
− 1 m 45 cm

☐ m ☐ cm

18 4 m 65 cm − 1 m 20 cm

= ☐ m ☐ cm

19 12 m 45 cm − 8 m 16 cm

= ☐ m ☐ cm

20 4 m 92 cm − 2 m 85 cm

= ☐ m ☐ cm

⇨ 양팔을 벌린 길이에서 1 m를 찾을 수 있습니다.

개념 클릭

• 내 몸의 부분으로 1 m 재어 보기

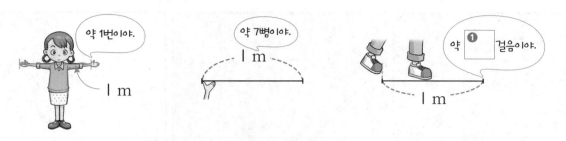

뼘과 걸음 중 재는 횟수가 더 적은 것은 걸음입니다.

정답 | ❶ 2

1 그림에서 은주의 키는 약 1 m입니다. 나무의 높이는 약 몇 m일까요?

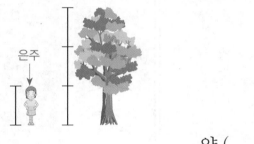

약 (   )

2 형빈이가 걸음과 양팔을 벌린 길이를 이용하여 길이를 어림하려고 합니다. 물음에 답하세요.

(1) 형빈이의 두 걸음이 약 1 m일 때 4걸음으로 잰 길이는 약 몇 m일까요?

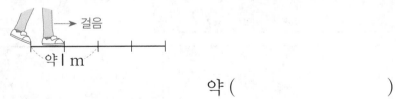

약 (   )

(2) 형빈이의 양팔을 벌린 길이가 약 1 m일 때 3번 잰 길이는 약 몇 m일까요?

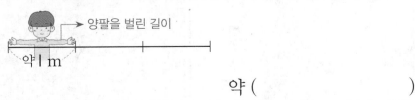

약 (   )

길이를 어림해 볼까요 (2)

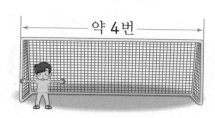 개념 클릭

• 축구 골대의 길이 어림하기

축구 골대의 길이를 양팔을 벌린 길이나 걸음을 이용하여 어림할 수 있습니다.

⇨ 양팔을 벌린 길이가 1 m 25 cm이고 약 4번 재었으므로 축구 골대의 길이는
약 [①] m입니다.

정답 | ① 5

(1~2) 주어진 1 m로 끈의 길이를 어림하였습니다. 어림한 끈의 길이를 구하세요.

1

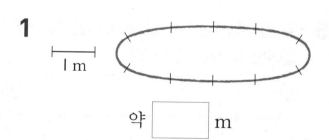

약 [   ] m

2

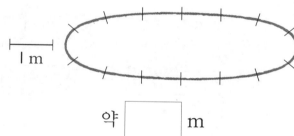

약 [   ] m

3 교실 칠판의 긴 쪽의 길이를 우혁이가 양팔을 벌린 길이로 재어 어림
하려고 합니다. □ 안에 알맞은 수를 써넣으세요.

(1) 교실 칠판의 긴 쪽의 길이는 1 m로 약 [   ] 번입니다.

(2) 교실 칠판의 긴 쪽의 길이는 약 [   ] m입니다.

단계 2 개념 집중 연습

길이 어림하기 (1)

(1~3) 그림을 보고 ☐ 안에 알맞은 수를 써 넣으세요.

1

가로등의 높이는 약 ☐ m입니다.

2

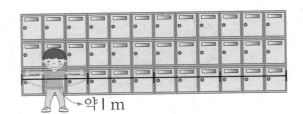

사물함의 길이는 약 ☐ m입니다.

3

건물의 높이는 약 ☐ m입니다.

4 양팔을 벌린 길이가 약 1 m일 때 2번 잰 길이는 약 몇 m일까요?

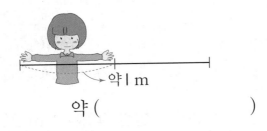

약 (   )

5 두 걸음이 약 1 m일 때 6걸음으로 잰 길이는 약 몇 m 일까요?

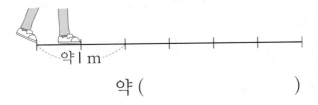

약 (   )

6 6뼘이 약 1 m일 때 12뼘으로 잰 길이는 약 몇 m일까요?

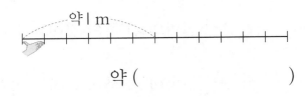

약 (   )

길이 어림하기 (2)

(7~9) 3 m인 줄넘기 줄의 길이를 이용하여 각각의 길이를 재었습니다. 물음에 답하세요.

7 조회대의 길이는 약 몇 m일까요?

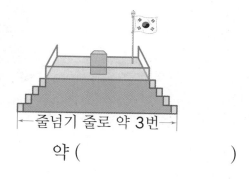

└ 줄넘기 줄로 약 3번 ┘

약 (   )

8 철봉의 전체 길이는 약 몇 m일까요?

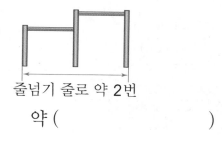

줄넘기 줄로 약 2번

약 (   )

9 화단의 긴 쪽의 길이는 약 몇 m일까요?

└ 줄넘기 줄로 약 5번 ┘

약 (   )

(10~12) 보기 에서 알맞은 길이를 골라 문장을 완성해 보세요.

> **보기**
> 135 cm   5 m   100 m

10 초등학교 2학년인 서윤이의 키는 약 [   ] 입니다.

11 트럭의 길이는 약 [   ] 입니다.

12 운동장의 긴 쪽의 길이는 약 [   ] 입니다.

(13~14) 혜정이의 한 걸음이 약 50 cm일 때 교실의 긴 쪽의 길이가 혜정이의 10걸음과 같았습니다. 물음에 답하세요.

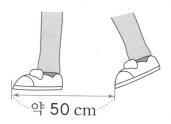

약 50 cm

13 교실의 긴 쪽의 길이는 약 몇 cm일까요?

약 (   )

14 교실의 긴 쪽의 길이는 약 몇 m일까요?

약 (   )

1 길이를 바르게 읽어 보세요.

5 m 27 cm ⇨ (   )

다시 확인

m는 미터, cm는 센티미터라고 읽어요.

· 1 m＝100 cm입니다.

2 ☐ 안에 알맞은 수를 써넣으세요.

(1) 400 cm＝☐ m

(2) 2 m 54 cm＝☐ cm

(3) 321 cm＝☐ m ☐ cm

3 자의 눈금을 읽어 보세요.

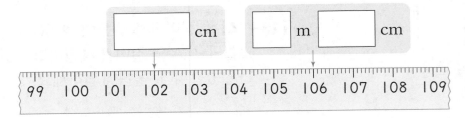

☐ cm   ☐ m ☐ cm

4 줄넘기 줄의 길이는 얼마일까요?

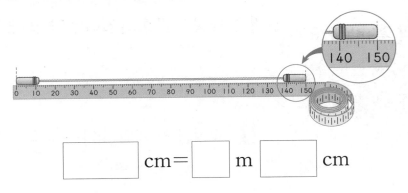

☐ cm＝☐ m ☐ cm

· 줄넘기 줄의 한끝이 줄자의 눈금 0에 맞춰져 있으므로 다른 쪽 끝에 있는 줄자의 눈금을 읽습니다.

5 주어진 |m로 끈의 길이를 어림하였습니다. 어림한 끈의 길이는 약 몇 m일까요?

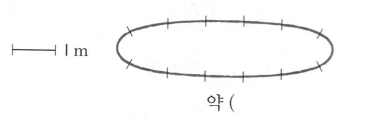

├─────┤ | m

약 (   )

6 cm와 m 중에서 알맞은 단위를 써 보세요.

(1) 엄마 기린의 키는 약 5 [   ] 입니다.

(2) 교실 문의 높이는 약 200 [   ] 입니다.

(3) 2층 건물의 높이는 약 8 [   ] 입니다.

7 길이가 5 m보다 긴 것을 모두 찾아 기호를 써 보세요.

┌─────────────────────────────────────┐
│ ㉠ 기차의 길이   ㉡ 첼로의 길이   │
│ ㉢ 소파의 길이   ㉣ 운동장 짧은 쪽의 길이 │
└─────────────────────────────────────┘

(   )

· 5 m의 길이를 생각하여 5 m보다 더 긴 것을 찾습니다.

3
단원

8 보기 에서 알맞은 길이를 골라 문장을 완성해 보세요.

다시 확인
• 각 길이를 어림하여 생각해 보고 알맞은 길이를 찾습니다.

> 보기
> 140 cm   10 m   30 cm   100 m

(1) 2학년인 영진이의 키는 약 [   ] 입니다.

(2) 축구 경기장 긴 쪽의 길이는 약 [   ] 입니다.

(3) 버스의 길이는 약 [   ] 입니다.

9 계산해 보세요.

(1)
```
    4 m   23 cm
 +  3 m   40 cm
 ─────────────
 [   ] m  [   ] cm
```

m는 m끼리, cm는 cm끼리 계산해요.

(2)
```
    6 m   48 cm
 -  4 m   17 cm
 ─────────────
 [   ] m  [   ] cm
```

10 현수의 두 걸음이 1 m라면 시소의 길이는 약 몇 m일까요?

• 시소의 길이는 현수의 두 걸음의 약 몇 배인지 알아봅니다.

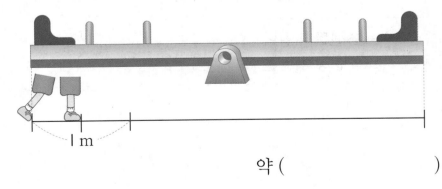

1 m

약 (   )

11 긴 길이를 어림한 사람부터 차례대로 이름을 써 보세요.

강길 타루 강희

(,   ,   )

12 유진이는 길이가 3 m 60 cm인 색 테이프를 가지고 있고, 세희는 길이가 1 m 10 cm인 색 테이프를 가지고 있습니다. 두 사람이 가지고 있는 색 테이프의 길이의 차는 몇 m 몇 cm 일까요?

• 색 테이프의 길이의 차는 긴 색 테이프의 길이에서 짧은 색 테이프의 길이를 빼서 구합니다.

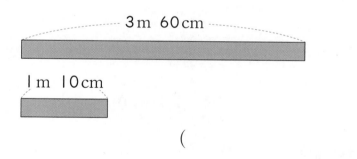

(   )

13 색 테이프의 전체 길이는 몇 m 몇 cm일까요?

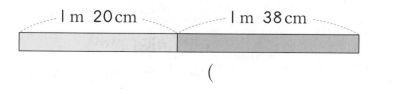

(   )

1 ☐ 안에 알맞은 수를 써넣으세요.

<u>835</u> cm

800+35 ←

= ☐ cm + 35 cm

= ☐ m 35 cm

2 길이를 읽어 보세요.

3 m 60 cm

( )

3 ☐ 안에 알맞은 수를 써넣으세요.

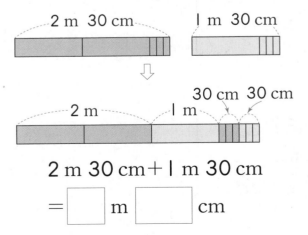

2 m 30 cm + 1 m 30 cm

= ☐ m ☐ cm

4 자의 눈금을 읽어 보세요.

☐ cm

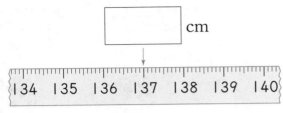

134 135 136 137 138 139 140

(5~6) ☐ 안에 알맞은 수를 써넣으세요.

5 4 m 12 cm = ☐ cm

6 214 cm = ☐ m ☐ cm

7 길이가 1 m를 넘는 것에 ○표, 넘지 않는 것에 ×표 하세요.

• 젓가락의 길이 ( )

• 국기 게양대의 높이 ( )

8 책꽂이의 긴 쪽의 길이는 몇 m 몇 cm 일까요?

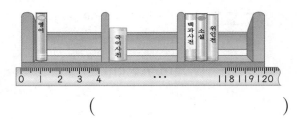

( )

12 다음 중 틀린 것은 어느 것일까요?
　　　　　　　　　　　　　　（ 　　　 ）

① 2 m 60 cm = 260 cm
② 374 cm = 3 m 74 cm
③ 5 m 9 cm = 59 cm
④ 6 m 18 cm = 618 cm
⑤ 707 cm = 7 m 7 cm

(9~10) 계산해 보세요.

9
　　4　m　　29　cm
+　2　m　　57　cm
　　[ ] m　[ ] cm

10
　　3　m　　68　cm
−　1　m　　23　cm
　　[ ] m　[ ] cm

(13~14) 다음은 현수가 1 m를 몸의 일부를 이용하여 잰 횟수를 나타낸 것입니다. 물음에 답하세요.

걸음	양팔을 벌린 길이
약 2걸음	약 1번

13 현수가 6걸음으로 잰 길이는 약 몇 m 일까요?

약 (　　　　)

11 그림에서 영은이의 키는 약 1 m입니다. 탑의 높이는 약 몇 m일까요?

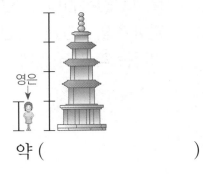

약 (　　　　)

14 현수가 양팔을 벌린 길이로 5번 잰 길이는 약 몇 m일까요?

약 (　　　　)

15 길이가 긴 것부터 차례대로 기호를 써 보세요.

> ㉠ 3 m 7 cm   ㉡ 377 cm
> ㉢ 3 m 70 cm   ㉣ 703 cm

(   )

16 보기 에서 알맞은 길이를 골라 문장을 완성해 보세요.

> 보기
> 130 cm   100 m   3 m

(1) 피아노의 높이는

약 [   ] 입니다.

(2) 시소의 길이는 약 [   ]

입니다.

17 4 m에 가장 가까운 줄을 가진 사람의 이름을 써 보세요.

> 혜진: 내 줄은 380 cm야.
> 호영: 내 줄은 4 m 30 cm야.
> 은주: 내 줄은 3 m 90 cm야.

(   )

18 두 막대를 겹치지 않게 길게 이었습니다. 이은 막대의 길이는 몇 m 몇 cm일까요?
→ 두 막대의 길이를 더합니다.

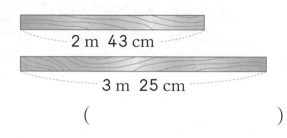
2 m 43 cm

3 m 25 cm

(   )

19 ㉠에서 ㉢까지의 길이는 몇 m 몇 cm 일까요?

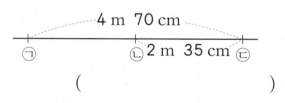
4 m 70 cm
㉠   ㉡ 2 m 35 cm ㉢

(   )

20 두 깃발 사이의 거리는 민하의 걸음으로 10걸음입니다. 민하의 한 걸음의 길이가 약 60 cm라면 두 깃발 사이의 거리는 약 몇 m일까요?

약 (   )

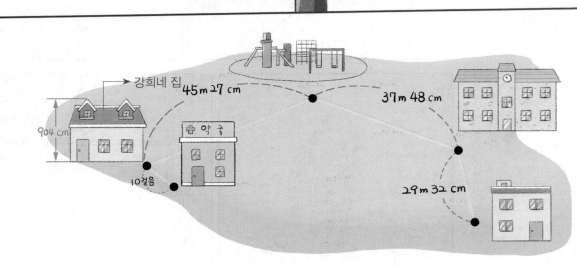

스스로 학습장은 이 단원에서 배운 것을 확인하는 코너입니다.
몰랐던 것은 꼭 다시 공부해서 내 것으로 만들어 보아요.

🔵 강희가 그린 마을 지도를 보고 길이 재기를 정리해 보세요.

강희네 집 45 m 27 cm   37 m 48 cm

904 cm

약국

10걸음

29 m 32 cm

1 강희네 집의 높이는 몇 m 몇 cm 일까요?

☐ m ☐ cm

2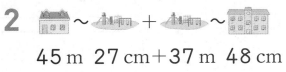

45 m 27 cm + 37 m 48 cm

= ☐ m ☐ cm

3 🏭 ~ 🏢 − 🏢 ~ 🏢

37 m 48 cm − 29 m 32 cm

= ☐ m ☐ cm

4 강희네 집에서 약국까지는 10 걸음입니다. 강희의 한 걸음이 약 40 cm라면 강희네 집에서 약국 까지의 거리는 약 몇 m일까요?

약 ☐ m

시각과 시간

QR 코드를 찍어 개념 동영상 강의를 보세요. 게임도 하고 문제도 풀 수 있어요.

😊 **이번에 배울 내용**

- 몇 시 몇 분 읽어 보기
- 여러 가지 방법으로 시각 읽기
- 1시간, 걸린 시간 알아보기
- 하루의 시간 알아보기
- 달력 알아보기

곤충 모양 시계라니 멋지다~. 그거 나 주면 안 되니?

안 돼요!

그러지 말고 나 주라~주라~ 주라~.

싫어요!!

둥 둥

시계가 뭐야?

시각을 알려주는 물건이야.

시각을 알려준다고?

응! 내가 시각 읽는 걸 알려줄게.

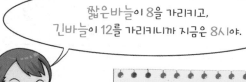

짧은바늘이 8을 가리키고, 긴바늘이 12를 가리키니까 지금은 8시야.

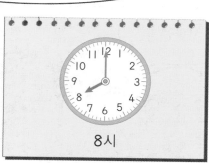

8시

와~ 시계가 있으면 편리하겠다.

그럼~.

타루야, 배가 고픈데 먹을 게 없을까?

근처에 과일나무가 있어요.

전 강길이와 물고기를 잡아 올게요.

난 강희와 과일을 따 오마.

조심히 다녀오렴~.

그럼 여기서 9시에 만나요.

그래.

물고기 많이 잡아 와~.

응~.

몇 시 몇 분을 읽어 볼까요 (1)

시계의 긴바늘이 가리키는 숫자가 1이면 5분, 2이면 10분, 3이면 15분, …을 나타냅니다.

8시 15분

개념 클릭

• 시각 읽기 (1)

시계의 긴바늘이 가리키는 숫자가 1이면 5분, 2이면 10분, 3이면 15분, …을 나타냅니다.

왼쪽 그림의 시계가 나타내는 시각은 8시 15분입니다.

시계의 긴바늘이 8을 가리키면 ❷ [   ]분이에요.

8시 ❶[   ]분

정답 | ❶ 15 ❷ 40

1 오른쪽 시계가 나타내는 시각을 알아보려고 합니다. □ 안에 알맞은 수를 써넣으세요.

(1) 시계에서 짧은바늘은 3과 [   ] 사이를 가리키므로 [   ]시를 나타냅니다.

(2) 시계에서 긴바늘은 7을 가리키므로 [   ]분을 나타냅니다.

(3) 시계가 나타내는 시각은 [   ]시 [   ]분입니다.

(2~5) 시각을 써 보세요.

2

[   ]시 [   ]분

3

[   ]시 [   ]분

짧은바늘을 보고 몇 시인지, 긴바늘을 보고 몇 분인지 알아봐요.

4

[   ]시 [   ]분

5

[   ]시 [   ]분

시계에서 긴바늘이 가리키는 작은 눈금 한 칸은 1분을 나타내. 지금은 9시 12분이야.

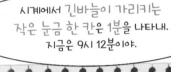

짧은바늘이 9와 10 사이를 가리키고, 긴바늘이 2에서 작은 눈금 2칸 더 간 곳을 가리키므로 9시 12분입니다.

9시 12분

월   일

• 시각 읽기 (2)

시계에서 긴바늘이 가리키는 작은 눈금 한 칸은 1분을 나타냅니다.

왼쪽 그림의 시계가 나타내는 시각은 9시 12분 입니다.

9시 ❶ [ ] 분

왼쪽 시계의 긴바늘은 2에서 작은 눈금 2칸 더 간 곳을 가리켜요.

정답 | ❶ 12

4 단원

---

1 오른쪽 시계가 나타내는 시각을 알아보려고 합니다. ☐ 안에 알맞은 수를 써넣으세요.

(1) 시계에서 짧은바늘은 7과 [ ] 사이를 가리키므로 [ ] 시를 나타냅니다.

(2) 시계에서 긴바늘은 4에서 작은 눈금 [ ] 칸 더 간 곳을 가리키므로 [ ] 분을 나타냅니다.

(3) 시계가 나타내는 시각은 [ ] 시 [ ] 분입니다.

[2~5] 시각을 써 보세요.

2

[ ] 시 [ ] 분

3

[ ] 시 [ ] 분

긴바늘이 가리키는 작은 눈금 한 칸은 1분을 나타내요.

4

[ ] 시 [ ] 분

5

[ ] 시 [ ] 분

몇 시 몇 분 읽어 보기 (1)

(1~2) 시계를 보고 □ 안에 알맞은 수를 써 넣으세요.

1

짧은바늘은 | |과 | 2 사이를 가리

키고, 긴바늘은 [ ]을/를 가리키

므로 [ ]시 [ ]분입니다.

2

짧은바늘은 3과 4 사이를 가리키고,

긴바늘은 [ ]을/를 가리키므로

[ ]시 [ ]분입니다.

(3~6) 시각을 써 보세요.

3
 [ ]시 [ ]분

4
 [ ]시 [ ]분

5
 [ ]시 [ ]분

6
 [ ]시 [ ]분

(7~8) 시각에 맞게 긴바늘을 그려 넣으세요.

7
| 12시 10분 |

8
| 5시 40분 |

4
단원

몇 시 몇 분 읽어 보기 (2)

(9~12) 시각을 써 보세요.

9  ☐ 시 ☐ 분

10  ☐ 시 ☐ 분

11  ☐ 시 ☐ 분

12  ☐ 시 ☐ 분

13 같은 시각끼리 선으로 이어 보세요.

(14~16) 시각에 맞게 긴바늘을 그려 넣으세요.

14 2시 23분

15 11시 12분

16 6시 54분

4. 시각과 시간 **113**

여러 가지 방법으로 시각을 읽어 볼까요

개념 클릭

- **몇 시 몇 분 전 알아보기**

9시 55분을 10시 5분 전이라고도 합니다.

9시 55분은
10시가 되기 **❶** 분 전의
시각과 같아요.

| 9시 55분 = 10시 5분 전 |

정답 | ❶ 5

4
단원

1 시계를 보고 □ 안에 알맞은 수를 써넣으세요.

4시 50분은
5시가 되려면
10분이 더 지나야 해.

그럼 4시 50분은
5시 10분 전이구나.

(1) 시계가 나타내는 시각은 □시 □분입니다.

(2) 3시가 되려면 □분이 더 지나야 합니다.

(3) 이 시각은 3시 □분 전입니다.

[2~5] 시각을 써 보세요.

2

　5시 □ 분
　6시 □ 분 전

3

　12시 □ 분
　1시 □ 분 전

4

　6시 □ 분
　□시 □ 분 전

5
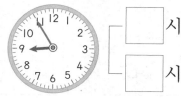
　□시 □ 분
　□시 □ 분 전

1시간, 걸린 시간을 알아볼까요

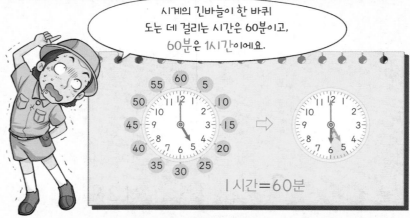

시계의 긴바늘이 한 바퀴 도는 데 걸리는 시간은 60분이고, 60분은 1시간이에요.

1시간=60분

◀ 스피드 정답 7쪽 · 정답 및 풀이 33쪽 월   일

• l 시간 알아보기

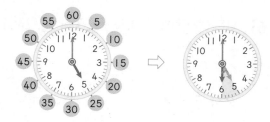

시계의 긴바늘이 한 바퀴 도는 데 걸린 시간은 60분입니다.

60분은 l 시간입니다.

5시 l0분 20분 30분 40분 50분 6시

정답 | ❶ 60

1 시완이가 기차를 타고 이동하는 데 걸린 시간을 나타낸 것입니다. 물음에 답하세요.

출발한 시각   도착한 시각

(1) 시완이가 기차를 타고 이동하는 데 걸린 시간을 시간 띠에 색칠해 보세요.

7시 l0분 20분 30분 40분 50분 8시 l0분 20분 30분 40분 50분 9시

(2) 시완이가 기차를 타고 이동하는 데 걸린 시간을 구하세요.

☐ 시간 = ☐ 분

2 나은이는 3시에 수영을 시작하여 4시 20분에 끝났습니다. 물음에 답하세요.

시작한 시각   끝난 시각

(1) 나은이가 수영을 한 시간을 시간 띠에 색칠해 보세요.

3시 l0분 20분 30분 40분 50분 4시 l0분 20분 30분 40분 50분 5시

(2) 나은이가 수영을 한 시간을 구하세요.

☐ 시간 ☐ 분 = ☐ 분

여러 가지 방법으로 시각 읽기

(1~4) 시각을 써 보세요.

1
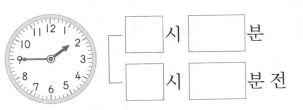
☐ 시 ☐ 분
☐ 시 ☐ 분 전

2
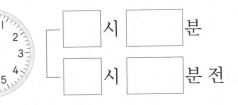
☐ 시 ☐ 분
☐ 시 ☐ 분 전

3
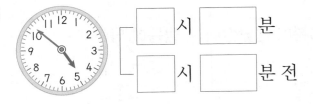
☐ 시 ☐ 분
☐ 시 ☐ 분 전

4
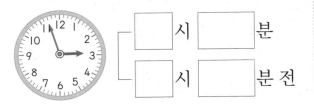
☐ 시 ☐ 분
☐ 시 ☐ 분 전

(5~6) 시각에 맞게 긴바늘을 그려 넣으세요.

5
4시 5분 전

6
12시 10분 전

(7~9) ☐ 안에 알맞은 수를 써넣으세요.

7 11시 55분은 12시 ☐ 분 전입니다.

8 5시 45분은 6시 ☐ 분 전입니다.

9 7시 10분 전은 ☐ 시 ☐ 분입니다.

월 일

1시간, 걸린 시간 알아보기

(10~17) □ 안에 알맞은 수를 써넣으세요.

10 2시간 = □ 분

11 1시간 10분 = □ 분 + 10분

= □ 분

12 2시간 40분 = □ 분 + 40분

= □ 분

13 140분 = □ 분 + 20분

= □ 시간 □ 분

14 84분 = □ 시간 □ 분

15 1시간 29분 = □ 분

16 100분 = □ 시간 □ 분

17 1시간 5분 = □ 분

(18~20) 활동을 하는 데 걸린 시간을 구하세요.

18 영화를 보는 데 걸린 시간

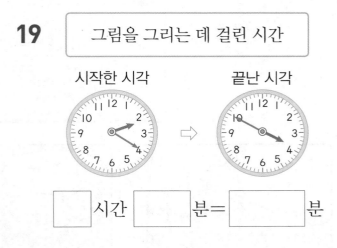

시작한 시각   끝난 시각

□ 시간 □ 분 = □ 분

19 그림을 그리는 데 걸린 시간

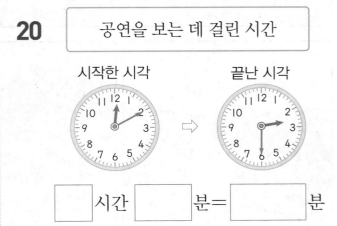

시작한 시각   끝난 시각

□ 시간 □ 분 = □ 분

20 공연을 보는 데 걸린 시간

시작한 시각   끝난 시각

□ 시간 □ 분 = □ 분

4
단원

4. 시각과 시간 **119**

하루의 시간을 알아볼까요

전날 밤 12시부터 낮 12시까지를 오전, 낮 12시부터 밤 12시까지를 오후라고 해.

오전: 전날 밤 12시부터 낮 12시까지

오후: 낮 12시부터 밤 12시까지

• 하루의 시간 알아보기

전날 밤 12시부터 낮 12시까지를 오전이라 하고
낮 12시부터 밤 12시까지를 오후라고 합니다.
하루는 24시간입니다. ⇨ 1일=24시간

시간 띠에서 1칸은
① 시간을 나타내요.

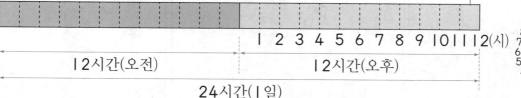

정답 | **①** 1

1 ☐ 안에 알맞은 말을 써넣으세요.

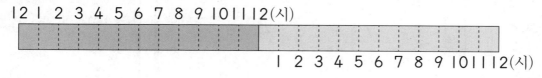

(1) 전날 밤 12시부터 낮 12시까지를 ☐ (이)라고 합니다.

(2) 낮 12시부터 밤 12시까지를 ☐ (이)라고 합니다.

(2~4) ☐ 안에 알맞은 수를 써넣으세요.

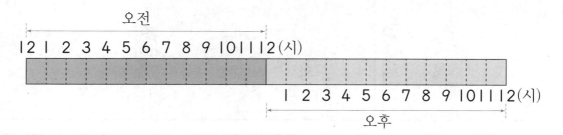

2 오전 10시부터 오후 2시까지는 ☐ 시간입니다.

3 오전 9시부터 오후 6시까지는 ☐ 시간입니다.

4 오전 8시부터 오후 8시까지는 ☐ 시간입니다.

달력을 알아볼까요

1년은 1월부터 12월까지
모두 12개월이란다.

월	1	2	3	4	5	6
날수(일)	31	28 (29)	31	30	31	30
월	7	8	9	10	11	12
날수(일)	31	31	30	31	30	31

개념 클릭

◀스피드 정답 7쪽 · 정답 및 풀이 34쪽

- **1주일 알아보기**

  1주일은 7일입니다. ⇨ 1주일=7일
  └→ 일, 월, 화, 수, 목, 금, 토

- **1년 알아보기**

  1년은 12개월입니다. ⇨ 1년=❶☐개월
  └→365일

  〈각 달의 날수〉
  └→ 1년을 365일 또는 366일로 맞추기 위하여 4년에 한 번씩 29일이 돼요.

월	1	2	3	4	5	6	7	8	9	10	11	12
날수(일)	31	28 (29)	31	30	31	30	31	31	30	31	30	31

정답 | ❶ 12

---

1 달력을 보고 ☐ 안에 알맞은 수나 말을 써넣으세요.

일	월	화	수	목	금	토
			1	2	3	4	5	6

(표 정정)

일	월	화	수	목	금	토
			1	2	3	4	5	6
7	8	9	10	11 은주 생일	12	13
14	15	16	17	18	19	20
21	22	23	24	25	26	27
28	29	30				

달력에서 7일마다 같은 요일이 반복돼요.

(1) 은주의 생일은 ☐일이고 ☐요일입니다.

(2) 은주의 생일로부터 1주일 후는 ☐일이고 ☐요일입니다.

[2~5] ☐ 안에 알맞은 수를 써넣으세요.

2 1주일 4일=☐일+4일

  =☐일

3 16일=☐일+2일

  =☐주일 ☐일

4 1년 3개월=☐개월+3개월

  =☐개월

5 20개월=☐개월+8개월

  =☐년 8개월

하루의 시간 알아보기

(1~6) □ 안에 알맞은 수를 써넣으세요.

1 1일 7시간= □ 시간+7시간

= □ 시간

2 30시간=24시간+ □ 시간

= □ 일 □ 시간

3 2일= □ 시간

4 26시간= □ 일 □ 시간

5 2일 5시간= □ 시간

6 50시간= □ 일 □ 시간

7 놀이공원에 있었던 시간을 시간 띠에 색칠하고 구하세요.

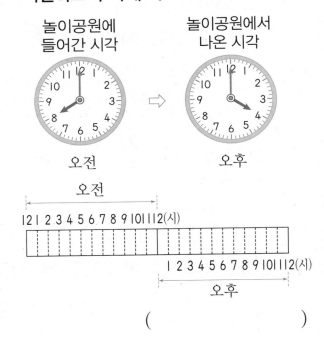

(   )

8 도서관에 있었던 시간을 시간 띠에 색칠하고 구하세요.

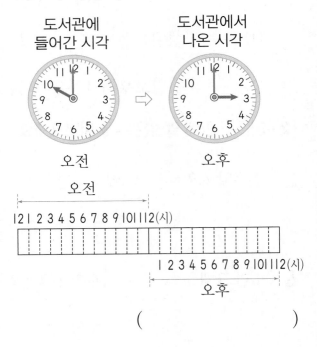

(   )

달력 알아보기

(9~14) □ 안에 알맞은 수를 써넣으세요.

9 14일= □ 일+7일

= □ 주일

10 2주일 4일= □ 일+4일

= □ 일

11 24일= □ 일+3일

= □ 주일 □ 일

12 3년= □ 개월

13 2년 5개월= □ 개월+5개월

= □ 개월

14 25개월= □ 개월+1개월

= □ 년 1개월

(15~18) 어느 해 11월 달력을 보고 물음에 답하세요.

11월

일	월	화	수	목	금	토
	1	2	3	4	5	6
7	8	9	10	11	12	13
14	15	16	17	18	19	20
21	22	23	24	25	26	27
28	29	30				

15 수요일인 날이 몇 번 있는지 구하세요.

( )

16 11월은 모두 며칠인지 구하세요.

( )

17 11월 19일로부터 1주일 후는 무슨 요일인지 구하세요.

( )

18 달력에서 같은 요일이 며칠마다 반복되는지 구하세요.

( )

4

단원

1 시계에서 각각의 숫자가 몇 분을 나타내는지 써넣으세요.

다시 확인

긴바늘이 가리키는 숫자가 1이면 5분, 2이면 10분이에요.

2 시각을 써 보세요.

(1)

☐ 시 ☐ 분

(2)

☐ 시 ☐ 분

· 짧은바늘은 '시'를, 긴바늘은 '분'을 나타냅니다.

3 같은 시각을 나타내는 것끼리 선으로 이어 보세요.

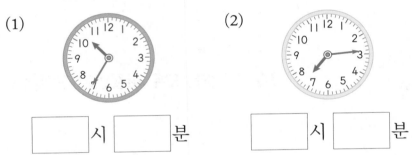

· 디지털시계에서 : 왼쪽의 수 는 '시'를, : 오른쪽의 수는 '분'을 나타냅니다.

4 □ 안에 알맞은 수를 써넣으세요.

(1) 6시 55분은 7시 □ 분 전입니다.

(2) 2시 10분 전은 □ 시 50분입니다.

4단원

5 시각에 맞게 긴바늘을 그려 넣으세요.

(1)

4시 10분 전

(2)

6시 15분 전

6 □ 안에 알맞은 수를 써넣으세요.

(1) 1시간 30분= □ 분

(2) 170분= □ 시간 □ 분

(3) 2일 3시간= □ 시간

(4) 60시간= □ 일 □ 시간

1시간은 60분,
1일은 24시간이에요.

7 두 시계를 보고 시간이 얼마나 흘렀는지 시간 띠에 색칠하고
구하세요.

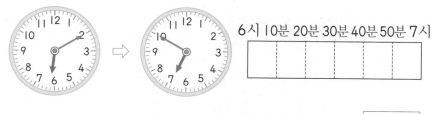

6시 10분 20분 30분 40분 50분 7시

□ 분

• 시간 띠에서 한 칸은 10분입
니다.

8 승아가 그림을 그리는 데 걸린 시간을 구하세요.

시작한 시각   끝난 시각

(1) 승아가 그림을 그리는 데 걸린 시간을 시간 띠에 색칠해 보세요.

5시 10분 20분 30분 40분 50분 6시 10분 20분 30분 40분 50분 7시

(2) 승아가 그림을 그리는 데 걸린 시간은 ☐ 시간 ☐ 분 입니다.

9 어느 해의 5월 달력을 보고 물음에 답하세요.

5월

일	월	화	수	목	금	토
			1	2	3	4
5	6	7	8	9	10	11
12	13	14	15	16	17	18
19	20	21	22	23	24	25
26	27	28	29	30	31	

1주일은 7일이야.

1주일마다 같은 요일이 반복돼.

(1) 월요일이 몇 번 있는지 구하세요.

(   )

(2) 5월 8일 어버이날은 무슨 요일인지 구하세요.

(   )

(3) 어버이날로부터 1주일 후는 며칠인지 구하세요.

(   )

10 날수가 같은 달끼리 짝 지은 것에 모두 ◯표 하세요.

다시 확인

3월, 5월	4월, 10월	1월, 6월
( )	( )	( )

9월, 11월	7월, 8월	2월, 6월
( )	( )	( )

• 주먹을 쥐었을 때 손의 뼈가 튀어 나온 달은 31일, 들어간 달은 28(29)일이나 30일이라고 생각하면 쉽습니다.

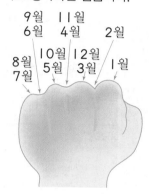

11 예성이가 박물관에 들어간 시각과 나온 시각을 나타낸 것입니다. 예성이가 박물관에 있었던 시간을 구하세요.

박물관에 들어간 시각   박물관에서 나온 시각

오전

오후

• 오전: 전날 밤 12시부터
     낮 12시까지
  오후: 낮 12시부터
     밤 12시까지

(1) 예성이가 박물관에 있었던 시간을 시간 띠에 색칠해 보세요.

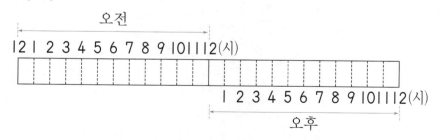

(2) 예성이가 박물관에 있었던 시간은 [ ]시간입니다.

시간 띠에서 1칸은 1시간이에요.

1 ☐ 안에 알맞은 말을 써넣으세요.

전날 밤 12시부터 낮 12시까지를
☐ (이)라 하고, 낮 12시부
터 밤 12시까지를 ☐ (이)라
고 합니다.

(2~3) 시각을 써 보세요.

2

☐ 시 ☐ 분

3

☐ 시 ☐ 분

4 시계가 나타내는 시각을 두 가지로 써
보세요.

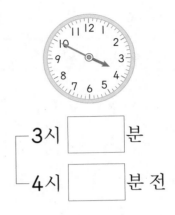

3시 ☐ 분

4시 ☐ 분 전

(5~6) ☐ 안에 알맞은 수를 써넣으세요.

5 95분= ☐ 시간 ☐ 분

1시간 50분= ☐ 분

6 20일= ☐ 주일 ☐ 일

1년 4개월= ☐ 개월

(7~8) 시각에 맞게 긴바늘을 그려 넣으세요.

7

3시 20분

8

5시 10분 전

(9~11) 달력을 보고 물음에 답하세요.

일	월	화	수	목	금	토
					1	2
3	4	5	6	7	8	9
10	11	12	13	14	15	16
17	18	19	20	21	22	23
24	25	26	27	28	29	30
31						

9 2일과 요일이 같은 날짜를 모두 써 보세요.

( )

10 5일로부터 2주일 후는 며칠일까요?

( )

11 25일로부터 12일 전은 무슨 요일일까요?

( )

(12~13) 서영이가 아침에 운동을 시작한 시각과 끝난 시각을 나타낸 것입니다. 물음에 답하세요.

시작한 시각   끝난 시각

12 운동을 시작한 시각과 끝난 시각을 써 보세요.

시작한 시각: ☐ 시 ☐ 분

끝난 시각: ☐ 시 ☐ 분

13 운동을 몇 시간 몇 분 동안 했는지 구하세요.

( )

14 날수가 31일이 <u>아닌</u> 달을 찾아 기호를 써 보세요.

㉠ 1월	㉡ 3월
㉢ 8월	㉣ 9월

( )

15 다음 설명 중 <u>틀린</u> 것은 어느 것일까요?·······························(   )

① 1일은 24시간입니다.
② 오전과 오후의 시간을 합하면 12시간입니다.
③ 10시 5분 전은 9시 55분입니다.
④ 1주일은 7일입니다.
⑤ 2년은 24개월입니다.

[16~17] 영주가 동물원에 들어간 시각과 나온 시각을 나타낸 것입니다. 물음에 답하세요.

들어간 시각   나온 시각

오전   오후

16 동물원에 들어간 시각과 나온 시각을 구하세요.

들어간 시각: (오전 , 오후) ☐ 시

나온 시각: (오전 , 오후) ☐ 시

17 영주가 동물원에 있었던 시간은 몇 시간일까요?

(   )

18 현석이는 오후에 숙제를 3시 10분에 시작하여 4시 35분에 끝냈습니다. 숙제를 한 시간은 몇 시간 몇 분일까요?

(   )

19 지훈이는 매일 우유를 1잔씩 마십니다. 3월과 4월에는 우유를 모두 몇 잔 마실까요?

(   )

20 달력의 일부를 보고 이달의 셋째 토요일은 며칠인지 구하세요.

일	월	화	수	목	금	토
			1	2	3	4
5	6	7	8	9	10	11

(   )

◀스피드 정답 8쪽 · 정답 및 풀이 37쪽

스스로 학습장은 이 단원에서 배운 것을 확인하는 코너입니다.
몰랐던 것은 꼭 다시 공부해서 내 것으로 만들어 보아요.

😊 나은이의 방학 중 생활계획표를 보고 시각과 시간을 정리해 보세요.

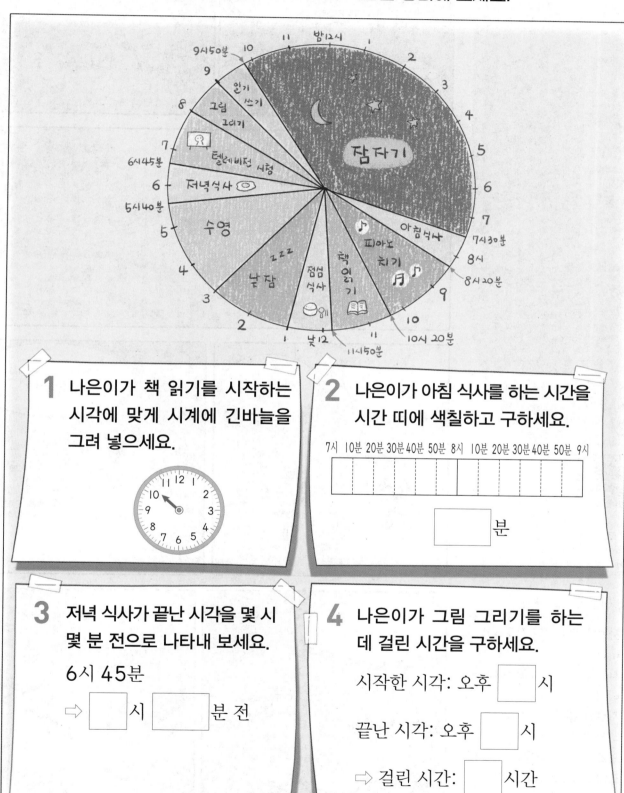

1 나은이가 책 읽기를 시작하는 시각에 맞게 시계에 긴바늘을 그려 넣으세요.

2 나은이가 아침 식사를 하는 시간을 시간 띠에 색칠하고 구하세요.

7시 10분 20분 30분 40분 50분 8시 10분 20분 30분 40분 50분 9시

☐ 분

3 저녁 식사가 끝난 시각을 몇 시 몇 분 전으로 나타내 보세요.

6시 45분

⇨ ☐ 시 ☐ 분 전

4 나은이가 그림 그리기를 하는 데 걸린 시간을 구하세요.

시작한 시각: 오후 ☐ 시

끝난 시각: 오후 ☐ 시

⇨ 걸린 시간: ☐ 시간

5

표와 그래프

QR 코드를 찍어 개념 동영상 강의를 보세요. 게임도 하고 문제도 풀 수 있어요.

😃 **이번에 배울 내용**

- 자료를 분류하여 표로 나타내기
- 자료를 조사하여 표로 나타내기
- 자료를 분류하여 그래프로 나타내기
- 표와 그래프의 내용 알아보기
- 표와 그래프로 나타내기

곤충들을 종류에 따라 분류하여
그 수를 세어 나타내면 다음과 같아요.

종류별 곤충 수

종류	장수풍뎅이	사슴벌레	딱정벌레
수(마리)	4	3	5

자료를 분류하여 표로 나타내 볼까요

이렇게 자료를 보고 나비를 종류별로 그 수를 세어 표로 나타낼 수 있어요.

호랑나비	배추흰나비	배추흰나비	대왕나비	배추흰나비	공작나비
배추흰나비	호랑나비	공작나비	호랑나비	배추흰나비	배추흰나비

종류별 나비 수

종류	호랑나비	배추흰나비	공작나비	대왕나비	합계
나비 수(마리)	3	6	2	1	12

개념 클릭

• 자료를 보고 표로 나타내기

꽃밭에 있는 나비

호랑나비	배추흰나비	배추흰나비	대왕나비	배추흰나비	공작나비
배추흰나비	호랑나비	공작나비	호랑나비	배추흰나비	배추흰나비

종류별 나비 수

종류별 나비 수를 ←
모두 더해요.

종류	호랑나비	배추흰나비	공작나비	대왕나비	합계
나비 수(마리)	3	6	❶	1	12

$3+6+$ ❷ $+1=12$ ←

자료를 보고 기준을 정하여 분류하고 그 수를 세어 표로 나타낼 수 있습니다.

정답 | ❶ 2　❷ 2

---

1 정우네 모둠 학생들이 좋아하는 과일을 조사하였습니다. 물음에 답하세요.

정우네 모둠 학생들이 좋아하는 과일

→사과　→포도　→귤　　　　　　　　　　　　→바나나
정우　수빈　희정　영주　은혁　유정　규민　예빈　수경

(1) 은혁이가 좋아하는 과일은 무엇일까요?　　　　　(　　　　　　　)

(2) 위 자료를 보고 표로 나타내 보세요.

좋아하는 과일별 학생 수

과일	사과	포도	귤	바나나	합계
학생 수(명)					

2 자료를 보고 표로 나타내 보세요.

학생들의 취미

운동	독서	게임	운동	독서	운동
독서	노래	노래	게임	독서	독서

취미별 학생 수

취미	운동	독서	게임	노래	합계
학생 수(명)					

자료를 조사하여 표로 나타내 볼까요

과일도 가지고 가는구나.

종류도 다양하네.

어떤 과일이 있는지 조사해 봐야겠어요.

조사한 자료를 표로 나타내면 더 알기 쉽지.

자, 이제 표로 나타내 볼까?

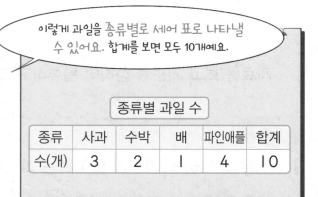

이렇게 과일을 종류별로 세어 표로 나타낼 수 있어요. 합계를 보면 모두 10개예요.

종류별 과일 수

종류	사과	수박	배	파인애플	합계
수(개)	3	2	1	4	10

표로 나타내니 쉽게 알 수 있네요.

훗~ 역시 난 천재인가?

우끼   우끼

이 나뭇잎은 누가 먹는 거야?

그건 쟤들 거야.

허걱! 징그러워~.

하하~ 놀라기는~.

으아악

개념 클릭

- **자료를 조사하여 표로 나타내기**

① 조사하려고 하는 것을 정합니다.
② 조사하는 방법을 정합니다.
③ 자료를 조사합니다.
④ 조사한 자료를 보고 표로 나타냅니다.

표에서 **①** 에는 조사한 각 자료별 수를 모두 더해 써요.

정답 | ❶ 합계

---

1 형인이네 모둠 학생들이 좋아하는 계절을 조사하였습니다. 물음에 답하세요.

형인이네 모둠 학생들이 좋아하는 계절

이름	계절	이름	계절	이름	계절
형인	여름	호준	겨울	지영	봄
혜란	봄	소영	여름	경호	가을
선경	겨울	미나	가을	아름	봄

(1) 자료를 보고 표로 나타내 보세요.

형인이네 모둠 학생들이 좋아하는 계절별 학생 수

→ 계절별 학생 수를 모두 더해서 써요.

계절	봄	여름	가을	겨울	합계
학생 수(명)					

(2) 조사한 학생은 모두 몇 명일까요?　　　　　（　　　　　　　　　　）

---

2 성진이네 모둠 학생들이 놀러 가고 싶은 장소를 조사한 자료를 보고 표로 나타내 보세요.

성진이네 모둠 학생들이 놀러 가고 싶은 장소

동물원	놀이공원	박물관	동물원	수목원	동물원
놀이공원	박물관	박물관	놀이공원	동물원	동물원

성진이네 모둠 학생들이 놀러 가고 싶은 장소별 학생 수

장소	동물원	놀이공원	박물관	수목원	합계
학생 수(명)					

표로 나타내면 장소별 학생 수를 한눈에 알 수 있어요.

자료를 분류하여 표로 나타내기

[1~3] 수빈이네 반 학생들이 배우고 싶은 악기를 조사하였습니다. 물음에 답하세요.

배우고 싶은 악기

1 수빈이가 배우고 싶은 악기는 무엇일까요?

( )

2 기타를 배우고 싶은 학생의 이름을 모두 써 보세요.

( )

3 자료를 보고 표로 나타내 보세요.

배우고 싶은 악기별 학생 수

악기	피아노	바이올린	드럼	기타	합계
학생 수 (명)					

[4~5] 자료를 보고 표로 나타내 보세요.

4

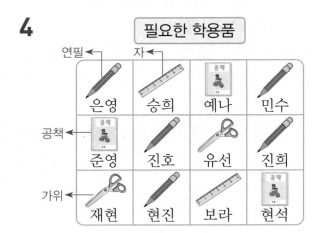

필요한 학용품

필요한 학용품별 학생 수

학용품	연필	자	공책	가위	합계
학생 수 (명)					

5

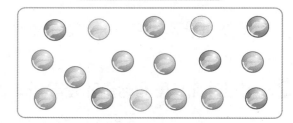

주머니에 있는 구슬

색깔별 구슬 수

색깔	빨강	노랑	파랑	초록	합계
구슬 수 (개)					

● 자료를 조사하여 표로 나타내기

[6~9] 해인이네 모둠 학생들이 좋아하는 동물을 조사하였습니다. 물음에 답하세요.

좋아하는 동물

이름	동물	이름	동물
해인	강아지	보람	호랑이
연주	기린	미라	고양이
민석	호랑이	강빈	고양이
소연	고양이	다혜	강아지
진수	강아지	은지	기린
연성	고양이	예슬	강아지

6 학생들이 좋아하는 동물을 모두 써 보세요.

(   )

7 기린을 좋아하는 학생은 모두 몇 명일까요?

(   )

8 자료를 보고 표로 나타내 보세요.

좋아하는 동물별 학생 수

동물	강아지	기린	호랑이	고양이	합계
학생 수 (명)					

9 조사한 학생은 모두 몇 명일까요?

(   )

[10~11] 자료를 보고 표로 나타내 보세요.

10

좋아하는 꽃

이름	꽃	이름	꽃	이름	꽃
윤주	장미	정호	장미	다혜	튤립
소희	튤립	현주	튤립	주형	장미
우혁	백합	해미	백합	도형	튤립
시현	장미	재준	장미	수영	장미

좋아하는 꽃별 학생 수

꽃	장미	튤립	백합	합계
학생 수 (명)				

11

받고 싶은 선물

이름	선물	이름	선물	이름	선물
진주	인형	재원	블록	은애	인형
혜은	인형	민호	블록	태준	로봇
재아	로봇	승훈	책	용훈	블록
슬기	블록	도진	블록	선주	책
유진	책	진희	책	민경	블록

받고 싶은 선물별 학생 수

선물	인형	로봇	블록	책	합계
학생 수 (명)					

단계 1 교과서 개념
자료를 분류하여 그래프로 나타내 볼까요

142 수학 2-2

개념 클릭

• 자료를 분류하여 그래프로 나타내기

① 그래프의 가로와 세로에 어떤 것을 나타낼지 정합니다.
② 가로와 세로를 각각 몇 칸으로 할지 정합니다.
③ 표를 보고 그래프에 ○, ×, / 중 하나를 선택하여 자료를 나타냅니다.
④ 그래프의 제목을 씁니다.

자료의 수가 3이면 그래프에 ○를
❶ 개 그려요.

정답 | ❶ 3

1 표를 보고 ○를 이용하여 그래프로 나타내 보세요.

한솔이네 모둠 학생들이 좋아하는 간식별 학생 수

간식	김밥	떡볶이	빵	과자	합계
학생 수(명)	2	4	1	3	10

한솔이네 모둠 학생들이 좋아하는 간식별 학생 수

4				
3				
2	○			
1	○			
학생 수(명) / 간식	김밥	떡볶이	빵	과자

○를 아래부터 한 칸에 하나씩 빈칸 없이 채워 표시해요.

2 표를 보고 ×를 이용하여 그래프로 나타내 보세요.

가고 싶은 나라별 학생 수

나라	미국	프랑스	영국	중국	합계
학생 수(명)	5	3	4	2	14

가고 싶은 나라별 학생 수

5	×			
4	×			
3	×			
2	×			
1	×			
학생 수(명) / 나라	미국	프랑스	영국	중국

5. 표와 그래프 **143**

표와 그래프를 보고 무엇을 알 수 있을까요

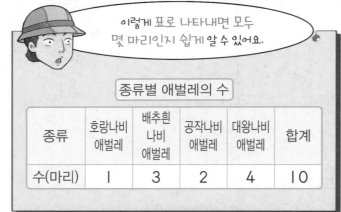

종류별 애벌레의 수

종류	호랑나비 애벌레	배추흰 나비 애벌레	공작나비 애벌레	대왕나비 애벌레	합계
수(마리)	1	3	2	4	10

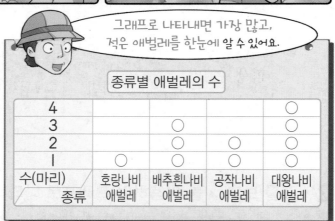

종류별 애벌레의 수

4				○
3			○	○
2		○	○	○
1	○	○	○	○
수(마리) 종류	호랑나비 애벌레	배추흰나비 애벌레	공작나비 애벌레	대왕나비 애벌레

월   일

개념 클릭

- 표와 그래프의 내용 알아보기
  - 표의 편리한 점: 조사한 자료의 항목별 수와 조사한 자료의
    전체 수를 쉽게 알 수 있습니다.
    └→ 합계를 보면 알 수 있어요.

  - 그래프의 편리한 점: 전체적인 비교를 쉽게 할 수 있습니다.
    └→ 가장 많거나 가장 적은 것을
       한눈에 알 수 있어요.

❶ [   ]는 조사한
자료의 전체 수를 나타내요.

정답 | ❶ 합계

5단원

(1~4) 보희네 반 학생들이 좋아하는 음식을 조사하여 표로 나타냈습니다. 물음에 답하세요.

보희네 반 학생들이 좋아하는 음식별 학생 수

음식	김밥	짜장면	피자	햄버거	라면	합계
학생 수(명)	4	4	5	3	2	18

1 보희네 반 학생은 모두 몇 명일까요?

(   )

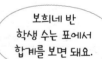
보희네 반
학생 수는 표에서
합계를 보면 돼요.

2 햄버거를 좋아하는 학생은 몇 명일까요?

(   )

3 표를 보고 ○를 이용하여 그래프로 나타내 보세요.

보희네 반 학생들이 좋아하는 음식별 학생 수

5					
4					
3					
2					
1					
학생 수(명) 음식	김밥	짜장면	피자	햄버거	라면

4 가장 많은 학생들이 좋아하는 음식은 무엇일까요?

(   )

표와 그래프로 나타내 볼까요

이렇게 표로 나타내고 색깔별로 그 수를 모두 더해 합계에 쓰면 모두 9마리예요.

색깔별 달팽이의 수

색깔	노란 달팽이	빨간 달팽이	파란 달팽이	합계
수(마리)	2	4	3	9

표를 보고 달팽이 수만큼 ○를 그려 그래프로 나타내요.

색깔별 달팽이의 수

4		○	
3		○	○
2	○	○	○
1	○	○	○
수(마리) 색깔	노란 달팽이	빨간 달팽이	파란 달팽이

개념 클릭

- 표와 그래프로 나타내기

  ① 조사한 자료를 기준을 정해 분류합니다.

  ② 분류한 것을 세어 표로 나타낸 후, 항목별 수를 모두 더해 ❶[   ]에 씁니다.

  ③ 표를 보고 항목별 수를 ○, ×, / 중 한 가지를 선택하여 그래프로 나타냅니다.

정답 | ❶ 합계

(1~3) 선예네 모둠 학생들이 좋아하는 운동을 조사하였습니다. 물음에 답하세요.

선예네 모둠 학생들이 좋아하는 운동

이름	운동	이름	운동	이름	운동	이름	운동
선예	피구	현수	축구	다정	축구	지혜	야구
예지	축구	지혁	농구	수민	야구	윤미	농구

1 자료를 보고 표로 나타내 보세요.

선예네 모둠 학생들이 좋아하는 운동별 학생 수

운동	피구	야구	축구	농구	합계
학생 수(명)					

2 위 **1**의 표를 보고 ○를 이용하여 그래프로 나타내 보세요.

선예네 모둠 학생들이 좋아하는 운동별 학생 수

3				
2				
1				
학생 수(명) \ 운동	피구	야구	축구	농구

조사한 것을 그래프로 나타내면?

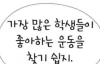
가장 많은 학생들이 좋아하는 운동을 찾기 쉽지.

3 조사한 자료와 그래프 중 가장 많은 학생들이 좋아하는 운동을 한눈에 알아보기 편리한 것은 무엇일까요?

(   )

자료를 분류하여 그래프로 나타내기

(1~2) 표를 보고 ○를 이용하여 그래프로 나타내 보세요.

1

좋아하는 과일별 학생 수

과일	감	사과	포도	귤	합계
학생 수 (명)	5	3	6	4	18

좋아하는 과일별 학생 수

6				
5				
4				
3				
2				
1				
학생 수(명) / 과일	감	사과	포도	귤

2

학생별 장난감의 수

이름	아율	민재	도윤	선아	합계
수(개)	4	3	2	5	14

학생별 장난감의 수

5				
4				
3				
2				
1				
수(개) / 이름	아율	민재	도윤	선아

표와 그래프의 내용 알아보기

(3~6) 수영이네 모둠 학생들의 장래희망을 조사하여 표로 나타냈습니다. 물음에 답하세요.

장래희망별 학생 수

장래 희망	연예인	운동 선수	의사	선생님	합계
학생 수 (명)	3	4	2	5	14

3 수영이네 모둠 학생은 모두 몇 명일까요?

( )

4 표를 보고 ×를 이용하여 그래프로 나타내 보세요.

장래희망별 학생 수

5				
4				
3				
2				
1				
학생 수(명) / 장래희망	연예인	운동 선수	의사	선생님

5 가장 적은 학생들의 장래희망은 무엇일까요?

( )

6 가장 많은 학생들의 장래희망은 무엇일까요?

( )

표와 그래프로 나타내기

(7~9) 영준이네 반 학생들이 좋아하는 주스를 조사한 것입니다. 물음에 답하세요.

좋아하는 주스

이름	주스	이름	주스	이름	주스
영준	오렌지	수정	토마토	하율	사과
예진	포도	은아	오렌지	유나	포도
아름	사과	승하	포도	경민	포도

7 자료를 보고 표로 나타내 보세요.

좋아하는 주스별 학생 수

주스	오렌지	포도	사과	토마토	합계
학생 수 (명)					

8 위 **7**의 표를 보고 /를 이용하여 그래프로 나타내 보세요.

좋아하는 주스별 학생 수

4				
3				
2				
1				
학생 수(명) / 주스	오렌지	포도	사과	토마토

9 조사한 자료와 표 중 조사한 전체 학생 수를 한눈에 알아보기 편리한 것은 무엇일까요?

(   )

(10~11) 기영이네 학교에 있는 공을 조사하였습니다. 물음에 답하세요.

학교에 있는 공

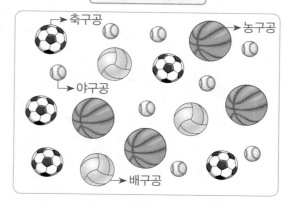

10 자료를 보고 표로 나타내 보세요.

종류별 공의 수

종류	축구공	농구공	야구공	배구공	합계
수(개)					

11 위 **10**의 표를 보고 ○를 이용하여 그래프로 나타내 보세요.

종류별 공의 수

8				
7				
6				
5				
4				
3				
2				
1				
수(개) / 종류	축구공	농구공	야구공	배구공

5

단원

단계 3 익힘 문제 연습

다시 확인

[1~3] 유빈이네 반 학생들이 좋아하는 색깔을 조사하였습니다. 물음에 답하세요.

유빈이네 반 학생들이 좋아하는 색깔

→초록 →빨강 →파랑 →노랑

유빈	승혜	연우	지수	민영	우진	나은
형은	하진	다빈	은혁	민호	예지	연주
신혜	현태	동석	민주	시진	노연	재현

1 유빈이가 좋아하는 색깔은 무엇일까요?

(   )

2 유빈이네 반 학생은 모두 몇 명일까요?

(   )

· 자료의 수를 모두 세어 봅니다.

3 자료를 보고 표로 나타내 보세요.

유빈이네 반 학생들이 좋아하는 색깔별 학생 수

색깔					합계
학생 수 (명)					

표시를 하면서 자료를 세어 빠뜨리거나 두 번 세지 않도록 해요.

4 자료를 조사하여 표로 나타내는 순서를 기호로 써 보세요.

(   )

다시 확인

· 자료를 조사하여 표로 나타
내기
① 조사할 내용 정하기
② 조사하는 방법 정하기
③ 자료 조사하기
④ 조사한 자료를 보고 표로
나타내기

[5~6] 은주네 모둠 학생들이 좋아하는 곤충을 조사하였습니다. 물음에 답하세요.

5 자료를 보고 표로 나타내 보세요.

은주네 모둠 학생들이 좋아하는 곤충별 학생 수

곤충	나비	잠자리	무당벌레	사슴벌레	합계
학생 수(명)					

6 조사한 자료를 보고 ○를 이용하여 그래프로 나타내 보세요.

은주네 모둠 학생들이 좋아하는 곤충별 학생 수

5				
4				
3				
2				
1				
학생 수(명) \ 곤충	나비	잠자리	무당벌레	사슴벌레

○를 한 칸에 하나씩 그려.

중간에 빈칸이 생기면 안 돼.

다시 확인

(7~10) 영주네 반 학생들이 좋아하는 채소를 조사하여 표로 나타냈습니다. 물음에 답하세요.

영주네 반 학생들이 좋아하는 채소별 학생 수

채소	호박	당근	오이	양배추	시금치	합계
학생 수(명)	4	5	7	3	2	21

7 영주네 반 학생은 모두 몇 명일까요?

( )

표에서 합계를 보면 영주네 반 학생 수를 알 수 있어요.

8 가장 적은 학생들이 좋아하는 채소는 무엇이고, 몇 명이 좋아할까요?

( ), ( )

9 표를 보고 /를 이용하여 그래프로 나타내 보세요.

영주네 반 학생들이 좋아하는 채소별 학생 수

7					
6					
5					
4					
3					
2					
1					
학생 수(명) / 채소	호박	당근	오이	양배추	시금치

10 가장 많은 학생들이 좋아하는 채소는 무엇일까요?

( )

• 그래프에서 /의 수가 가장 많은 채소를 찾아봅니다.

(11~12) 어느 해의 달력을 보고 공휴일의 수를 조사하여 표와 그래프로 나타내려고 합니다. 물음에 답하세요.

1

일	월	화	수	목	금	토
1	2	3	4	5	6	7
8	9	10	11	12	13	14
15	16	17	18	19	20	21
22	23	24	25	26	27	28
29	30	31				

2

일	월	화	수	목	금	토
			1	2	3	4
5	6	7	8	9	10	11
12	13	14	15	16	17	18
19	20	21	22	23	24	25
26	27	28				

3

일	월	화	수	목	금	토
			1	2	3	4
5	6	7	8	9	10	11
12	13	14	15	16	17	18
19	20	21	22	23	24	25
26	27	28	29	30	31	

4

일	월	화	수	목	금	토
						1
2	3	4	5	6	7	8
9	10	11	12	13	14	15
16	17	18	19	20	21	22
23	24	25	26	27	28	29
30						

5

일	월	화	수	목	금	토
	1	2	3	4	5	6
7	8	9	10	11	12	13
14	15	16	17	18	19	20
21	22	23	24	25	26	27
28	29	30	31			

6

일	월	화	수	목	금	토
				1	2	3
4	5	6	7	8	9	10
11	12	13	14	15	16	17
18	19	20	21	22	23	24
25	26	27	28	29	30	

11 달력을 보고 6개월 동안 공휴일의 수를 조사하여 표로 나타내 보세요.

6개월 동안 월별 공휴일 수

월	1	2	3	4	5	6	합계
공휴일 수(일)							

공휴일은 빨간색으로 표시된 날이에요.

12 위 11의 표를 보고 ○를 이용하여 그래프로 나타내 보세요.

· 아래부터 한 칸에 하나씩 ○를 빠뜨리지 않고 표시합니다.

6개월 동안 월별 공휴일 수

8						
7						
6						
5						
4						
3						
2						
1						
공휴일 수(일)						

(1~4) 연우네 모둠 학생들이 가지고 싶어 하는 장난감을 조사하였습니다. 물음에 답하세요.

가지고 싶어 하는 장난감

로봇 ←	→인형		→자동차
연우	선영	하진	수경
예슬	도하	유진	서유
보미	성진	민혁	수현

1 예슬이가 가지고 싶어 하는 장난감은 무엇일까요?

(   )

2 자동차를 가지고 싶어 하는 학생의 이름을 모두 써 보세요.

(   )

3 로봇을 가지고 싶어 하는 학생은 모두 몇 명일까요?

(   )

4 자료를 보고 표로 나타내 보세요.

가지고 싶어 하는 장난감별 학생 수

장난감	로봇	인형	자동차	합계
학생 수 (명)				

(5~8) 은혜네 모둠 학생들이 좋아하는 주스를 조사하여 표로 나타냈습니다. 물음에 답하세요.

좋아하는 주스별 학생 수

주스	오렌지	포도	사과	합계
학생 수(명)	6	3	4	13

5 포도 주스를 좋아하는 학생은 몇 명일까요?

(   )

6 은혜네 모둠 학생은 모두 몇 명일까요?

(   )

7 표를 보고 ×를 이용하여 그래프로 나타내 보세요.

좋아하는 주스별 학생 수

6			
5			
4			
3			
2			
1			
학생 수(명) / 주스	오렌지	포도	사과

8 가장 많은 학생들이 좋아하는 주스는 무엇일까요?

(   )

[9~11] 경아네 반 학생들이 좋아하는 꽃을 조사하였습니다. 물음에 답하세요.

좋아하는 꽃

해바라기	장미	튤립	장미	무궁화
튤립	무궁화	무궁화	장미	해바라기
장미	튤립	튤립	무궁화	장미

9 자료를 보고 표로 나타내 보세요.

좋아하는 꽃별 학생 수

꽃	해바라기	장미	튤립	무궁화	합계
학생 수 (명)					

10 표를 보고 ○를 이용하여 그래프로 나타내 보세요.

좋아하는 꽃별 학생 수

5				
4				
3				
2	○			
1	○			
학생 수(명) / 꽃	해바라기	장미	튤립	무궁화

11 가장 적은 학생들이 좋아하는 꽃은 무엇일까요?

( )

12 표를 보고 ○를 이용하여 그래프로 나타내 보세요.

좋아하는 나무별 학생 수

나무	소나무	은행나무	단풍나무	버드나무	합계
학생 수 (명)	5	6	4	3	18

좋아하는 나무별 학생 수

버드나무	○	○	○			
단풍나무						
은행나무						
소나무						
나무 / 학생 수(명)	1	2	3	4	5	6

[13~14] 소영이네 반 학생들이 좋아하는 음식을 조사하였습니다. 다음을 알아볼 때, 표와 그래프 중에서 더 편리한 것을 써 보세요.

13

조사한 전체 학생 수를 알아볼 때

( )

14

가장 많은 학생들이 좋아하는 음식을 알아볼 때

( )

[15~17] 선정이네 모둠 학생들이 어제 발표한 횟수를 조사하여 그래프로 나타냈습니다. 물음에 답하세요.

학생별 발표 횟수

5		○		
4		○		○
3	○	○		○
2	○	○	○	○
1	○	○	○	○	○
횟수(번) / 이름	선정	하성	혜수	영주	지호

15 위 그래프에 대한 설명으로 <u>틀린</u> 것은 어느 것일까요?·············(   )

① 선정이는 지호보다 발표를 2번 더 많이 하였습니다.
② 영주는 발표를 4번 하였습니다.
③ 발표를 가장 많이 한 사람은 하성입니다.
④ 발표를 2번 한 사람은 혜수입니다.
⑤ 선정이는 영주보다 발표를 1번 더 많이 하였습니다.

16 발표를 가장 많이 한 학생과 가장 적게 한 학생의 횟수의 차를 구하세요.

(   )

17 선정이네 모둠 학생들이 어제 발표한 횟수는 모두 몇 번일까요?

(   )

[18~20] 혜주는 날씨를 조사하여 표로 나타냈습니다. 물음에 답하세요.

날씨별 날수

날씨	맑음	흐림	비	눈	합계
날수(일)	8	6	2		21

18 조사한 전체 날수는 며칠일까요?

(   )

19 눈이 내린 날은 며칠일까요?

(   )

20 표를 보고 ×를 이용하여 그래프로 나타내 보세요.

날씨별 날수

8				
7				
6				
5				
4				
3				
2				
1				
날수(일) / 날씨	맑음	흐림	비	눈

스스로 학습장

스스로 학습장은 이 단원에서 배운 것을 확인하는 코너입니다.
몰랐던 것은 꼭 다시 공부해서 내 것으로 만들어 보아요.

1 학생들이 좋아하는 간식을 보고 표와 그래프로 나타내 보세요.

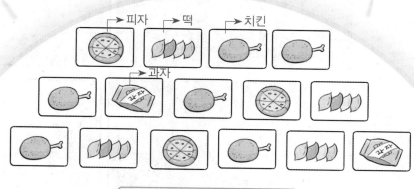

좋아하는 간식별 학생 수

간식				합계
학생 수(명)				

좋아하는 간식별 학생 수

6				
5				
4				
3				
2				
1				
학생 수(명) 간식				

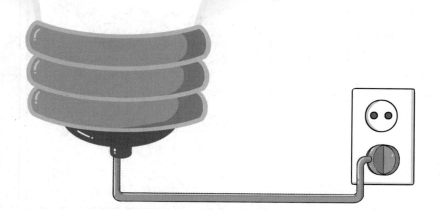

6 규칙 찾기

QR 코드를 찍어 개념 동영상 강의를 보세요. 게임도 하고 문제도 풀 수 있어요.

🌸 이번에 배울 내용

- 무늬에서 규칙 찾기
- 쌓은 모양에서 규칙 찾기
- 덧셈표에서 규칙 찾기
- 곱셈표에서 규칙 찾기
- 생활에서 규칙 찾기

무늬에서 규칙을 찾아볼까요 (1)

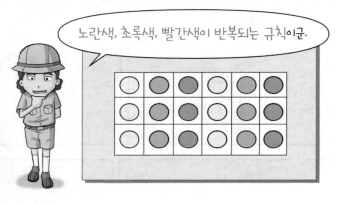

개념 클릭

• 무늬에서 규칙 찾기 (1)

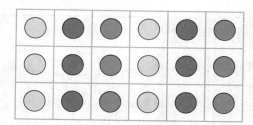

• 무늬에서 규칙을 찾아봅니다.

예) 노란색, 초록색, ❶   색이

반복되는 규칙입니다.

↓ 방향으로 같은 색이 반복됩니다.

무늬에서 ❷   가지 색이 반복돼요.

정답 | ❶ 빨간 ❷ 3

---

1 규칙이 있는 무늬를 만들었습니다. 어떤 규칙인지 알아보세요.

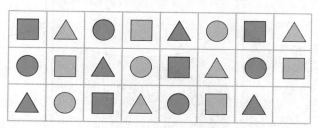

3가지 모양과 두 가지 색이 반복되는 규칙으로 만든 무늬예요.

(1) 사각형, 삼각형, 원이 반복되는 규칙이므로 빈칸에 알맞은

모양은 [   ] 입니다.

(2) 빨간색, 파란색이 반복되는 규칙이므로 빈칸에 알맞은 색은 [   ] 입니다.

(3) 규칙에 맞게 빈칸에 알맞은 모양을 그려 보세요.

[2~4] 규칙을 찾아 빈칸에 알맞은 모양을 그려 보세요.

2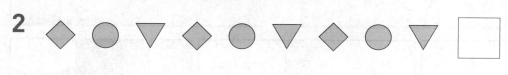

3

4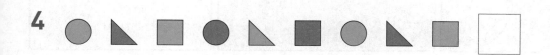

6
단원

무늬에서 규칙을 찾아볼까요 (2)

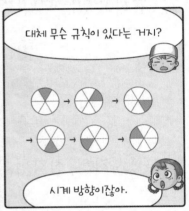

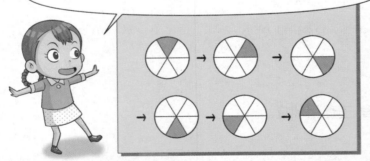

개념 클릭

월   일

• 무늬에서 규칙 찾기 (2)

규칙을 찾아 무늬를 만들어 봅니다.

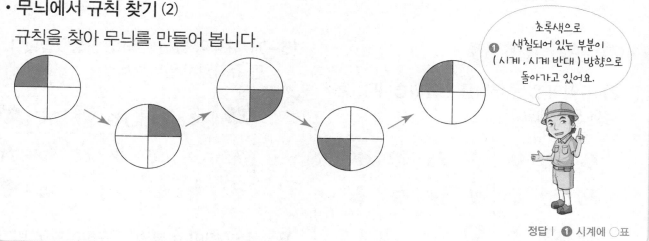

초록색으로 색칠되어 있는 부분이 (시계 , 시계 반대) 방향으로 돌아가고 있어요.

정답 | ❶ 시계에 ○표

1 규칙을 찾아 무늬를 만들었습니다. 물음에 답하세요.

(1) 규칙을 찾아 알맞은 말에 ○표 하세요.

규칙 색칠한 부분이 (시계 , 시계 반대) 방향으로 돌아가고 있습니다.

(2) 규칙에 따라 빈칸에 알맞게 색칠해 보세요.

(2~4) 규칙을 찾아 빈칸에 알맞게 색칠해 보세요.

2

→ 어떤 규칙으로 색칠되어 있는지 알아보세요.

3

4

● 무늬에서 규칙 찾기 (1)

(1~2) 규칙이 있는 무늬를 만들었습니다. 물음에 답하세요.

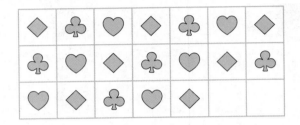

1 반복되는 무늬에 ◯표 하세요.

(   )

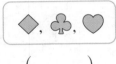
(   )

2 규칙에 맞게 빈칸을 완성해 보세요.

(3~4) 규칙을 찾아 빈칸에 알맞은 모양을 그려 보세요.

3

4

(5~7) 규칙이 있는 무늬를 만들었습니다. 어떤 규칙인지 알아보세요.

♥	★	♥	★	♥	★	♥
★	♥	★	♥	★	♥	★
♥	★	♥			★	♥

5 하트, 별이 반복되는 규칙이므로 빈칸에 알맞은 모양은 차례대로 ☐ , ☐ 입니다.

6 초록색, 주황색, 노란색이 반복되는 규칙이므로 빈칸에 알맞은 색은 차례대로 ☐ , ☐ 입니다.

7 규칙을 찾아 빈칸에 알맞은 무늬를 그려 보세요.

8 다음 모양을 ◯는 1로, △는 2로, ★은 3으로 바꾸어 나타내 보세요.

◯	△	★	◯	△	★	◯
△	★	◯	△	★	◯	△
★	◯	△	★	◯	△	★

1	2	3	1	2	3	1
2	3	1	2			

무늬에서 규칙 찾기 (2)

(9~10) 규칙이 있는 무늬를 만들었습니다. 물음에 답하세요.

9 규칙을 찾아 알맞은 말에 ◯표 하세요.

주황색으로 색칠되어 있는 부분이 (시계 , 시계 반대) 방향으로 돌아가는 규칙입니다.

10 규칙에 따라 빈칸에 알맞게 색칠해 보세요.

(11~12) 규칙을 찾아 빈칸에 알맞게 색칠해 보세요.

11

12

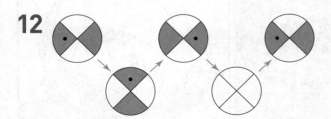

(13~14) 규칙을 찾아 ◯ 안에 알맞게 색칠해 보세요.

13

14

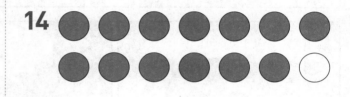

(15~16) 규칙을 정해 포장지의 무늬를 만들어 보세요.

15

16

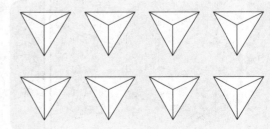

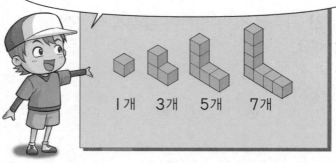

개념 클릭

· 쌓기나무로 쌓은 모양에서 규칙 찾기

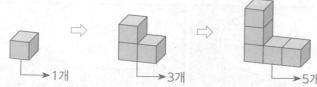

→1개   →3개   →5개

· ㄴ자 모양으로 쌓은 규칙입니다.
· 쌓기나무가 2개씩 늘어나는 규칙입니다.

다음에 이어질 모양에 쌓을 쌓기나무는 모두 ❶ 개예요.

정답 | ❶ 7

1 쌓기나무를 다음과 같이 쌓았습니다. 규칙을 찾아 □ 안에 알맞은 수를 써넣으세요.

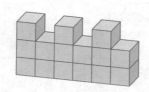

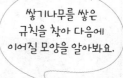
쌓기나무를 쌓은 규칙을 찾아 다음에 이어질 모양을 알아봐요.

6 단원

규칙 쌓기나무가 왼쪽에서 오른쪽으로 3개, □ 개씩 반복됩니다.

[2~3] 규칙에 따라 쌓기나무를 쌓은 것입니다. 다음에 이어질 모양에 쌓을 쌓기나무는 모두 몇 개인지 구하세요.

2

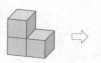 ⇨  ⇨ 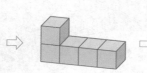 ⇨ [?]

(   )

3

 ⇨ ⇨ 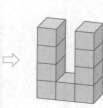 ⇨ [?]

(   )

덧셈표에서 규칙을 찾아볼까요

개념 클릭

• 덧셈표에서 규칙 찾기

+	0	1	2	3
0	0	1	2	3
1	1	2	3	4
2	2	3	4	5
3	3	4	5	6

• 덧셈표에 있는 수들의 규칙을 찾아봅니다.

예 같은 줄에서 오른쪽으로 갈수록 1씩 커지는 규칙이 있습니다.

같은 줄에서 아래쪽으로 내려갈수록 1씩 커지는 규칙이 있습니다.

빨간색 점선에 놓인 수는 ↘ 방향으로 갈수록 ❶ 씩 커지는 규칙이 있습니다.

정답 | ❶ 2

1 덧셈표를 보고 규칙을 찾아보세요.

+	2	4	6	8
2	4	6	8	10
4	6	8		12
6	8		12	
8	10		14	16

(1) 규칙을 찾아 빈칸에 알맞은 수를 써넣으세요.

(2) 같은 줄에서 오른쪽으로 갈수록 [ ]씩 커지는 규칙이 있습니다.

(3) 빨간색 점선에 놓인 수는 ↘ 방향으로 갈수록 [ ]씩 커지는 규칙이 있습니다.

(2~3) 덧셈표를 보고 규칙을 찾아 빈칸에 알맞은 수를 써넣으세요.

2

+	1	2	3	4	5
1	2	3	4	5	6
2	3	4	5		7
3	4		6	7	8
4	5	6		8	9
5	6	7	8	9	

3

+	1	3	5	7	9
1	2	4	6	8	10
3	4		8	10	12
5	6	8		12	
7	8	10	12	14	16
9	10	12	14		18

단계 2 개념 집중 연습

쌓기나무로 쌓은 규칙 찾기

(1~2) 규칙에 따라 쌓기나무를 쌓은 것입니다. 물음에 답하세요.

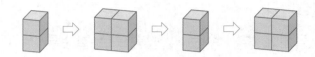

1 어떤 규칙으로 쌓은 것일까요?

쌓기나무가 2개, ☐ 개씩 반복되는 규칙입니다.

2 다음에 이어질 모양에 쌓을 쌓기나무는 모두 몇 개일까요?

(   )

(3~6) 쌓기나무로 다음과 같은 모양을 쌓았습니다. 쌓은 규칙을 알아보세요.

3

쌓기나무가 ☐ 개씩 늘어나는 규칙입니다.

4

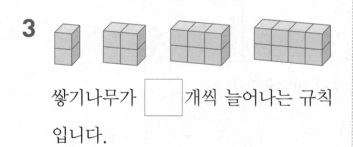

쌓기나무가 왼쪽에서 오른쪽으로 2개, ☐ 개씩 반복되는 규칙입니다.

5

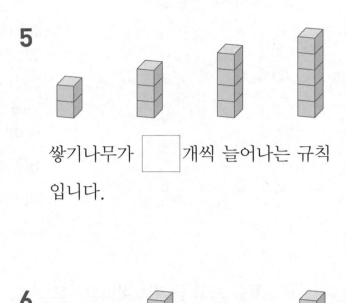

쌓기나무가 ☐ 개씩 늘어나는 규칙입니다.

6

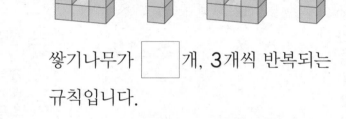

쌓기나무가 ☐ 개, 3개씩 반복되는 규칙입니다.

(7~8) 규칙에 따라 쌓기나무를 쌓은 것입니다. 다음에 이어질 모양에 쌓을 쌓기나무는 모두 몇 개인지 구하세요.

7

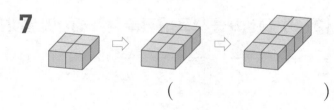

(   )

8

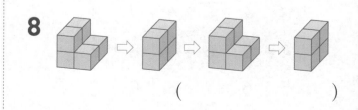

(   )

덧셈표에서 규칙 찾기

(9~12) 덧셈표를 보고 물음에 답하세요.

+	1	2	3	4	5	6	7
1	2	3	4	5	6	7	8
2	3	4	5	6	7	8	9
3	4	5	6	7	8	9	10
4	5	6	7	8		10	11
5	6	7	8		10	11	12
6	7	8	9	10	11		
7	8	9	10	11			

9 규칙을 찾아 빈칸에 알맞은 수를 써넣으세요.

10 빨간색으로 칠해진 수의 규칙을 찾아보세요.

오른쪽으로 갈수록 ☐ 씩 커지는 규칙이 있습니다.

11 파란색으로 칠해진 수의 규칙을 찾아보세요.

아래쪽으로 내려갈수록 ☐ 씩 커지는 규칙이 있습니다.

12 초록색 점선에 놓인 수의 규칙을 찾아보세요.

↘방향으로 갈수록 ☐ 씩 커지는 규칙이 있습니다.

(13~15) 덧셈표를 보고 규칙을 찾아 빈칸에 알맞은 수를 써넣으세요.

13

+	2	4	6	8	10
2	4	6	8	10	12
4	6		10	12	14
6	8	10	12		16
8	10	12		16	18
10	12	14	16		20

14

+	5	6	7	8	9
5	10	11	12	13	
6	11	12	13		15
7	12	13		15	16
8		14	15	16	17
9	14	15		17	18

15

+	1	3	5	7	9
0	1	3	5	7	9
2	3	5	7	9	
4	5	7	9		13
6		9	11	13	15
8	9	11		15	17

곱셈표에서 빨간색으로 칠해진 수는
오른쪽으로 갈수록 3씩 커지는 규칙이 있어요.

×	1	2	3	4
1	1	2	3	4
2	2	4	6	8
3	3	6	9	12
4	4	8	12	16

· 곱셈표에서 규칙 찾기

×	1	2	3	4
1	1	2	3	4
2	2	4	6	8
3	3	6	9	12
4	4	8	12	16

+3 +3 +3

+4 +4 +4

· 곱셈표에 있는 수들의 규칙을 찾아봅니다.

예) 빨간색으로 칠해진 수는 오른쪽으로 갈수록 3씩 커지는 규칙이 있습니다.

파란색으로 칠해진 수는 아래쪽으로 내려갈수록 ❶ 씩 커지는 규칙이 있습니다.

곱셈표를 초록색 점선을 따라 접으면 만나는 수는 서로 같습니다.

정답 | ❶ 4

---

1 곱셈표에서 규칙을 찾아 □ 안에 알맞은 수를 써넣으세요.

×	2	3	4	5
2	4	6	8	10
3	6	9	12	15
4	8	12	16	20
5	10	15	20	25

(1) 빨간색으로 칠해진 수는 오른쪽으로 갈수록 □ 씩 커지는 규칙이 있습니다.

(2) 파란색으로 칠해진 수는 아래쪽으로 내려갈수록 □ 씩 커지는 규칙이 있습니다.

6 단원

(2~3) 곱셈표를 완성하고, 규칙을 찾아 □ 안에 알맞은 수를 써넣으세요.

2

×	4	5	6	7
4	16	20	24	28
5	20	25	30	35
6	24	30	36	
7	28	35	42	

➡ 파란색으로 칠해진 수는 아래쪽으로 내려갈수록 □ 씩 커지는 규칙이 있습니다.

3

×	2	4	6	8
2	4	8	12	
4	8	16	24	32
6	12	24	36	
8	16	32	48	64

➡ 빨간색으로 칠해진 수는 오른쪽으로 갈수록 □ 씩 커지는 규칙이 있습니다.

곱셈표에서 여러 가지 규칙을 찾을 수 있어요.

생활에서 규칙을 찾아볼까요

개념 클릭

• 달력에서 규칙 찾기

11월						
일	월	화	수	목	금	토
					①	2
3	4	5	6	7	⑧	9
10	11	12	13	14	⑮	16
17	18	19	20	21	㉒	23
24	25	26	27	28	㉙	30

• 달력에 있는 수들의 규칙을 찾아봅니다.
  ⑩ 같은 줄에 있는 날짜들은 가로로 1씩 커지는 규칙이 있습니다.
  모든 요일은 7일마다 반복되는 규칙이 있습니다.

└ 아래쪽으로 내려갈수록 ❶ 씩 커져요.

정답 | ❶ 7

1 어느 공연장의 자리를 나타낸 그림입니다. 각 열에서 찾을 수 있는 규칙을 알아보세요.

앞에서부터 가, 나, 다…와 같이 한글이 순서대로 적혀 있어요.

무대

가열 가1 가2 가3 가4 가5 가6 가7 가8 가9 가10
나열 나1 나2 나3 나4 나5 나6 나7 나8 나9 나10
다열 다1 다2 다3 다4 다5 다6 다7 다8 다9 다10
⋮

각 열에서 오른쪽으로 갈수록 수가 [ ]씩 커지는 규칙이 있습니다.

[2~3] 생활 속에서 찾을 수 있는 수의 규칙을 알아보세요.

2 엘리베이터 충수 버튼

오른쪽으로 갈수록 [ ]씩 커지는 규칙이 있습니다.

3 계산기의 숫자 버튼

0을 제외하고 위쪽으로 올라갈수록 [ ]씩 커지는 규칙이 있습니다.

곱셈표에서 규칙 찾기

(1~4) 곱셈표를 보고 물음에 답하세요.

×	1	2	3	4	5	6	7
1	1	2	3	4	5	6	7
2	2	4	6	8	10	12	14
3	3	6	9	12	15		21
4	4	8	12	16		24	28
5	5	10		20	25	30	35
6	6	12	18	24	30	36	42
7	7	14	21		35	42	49

1 규칙을 찾아 빈칸에 알맞은 수를 써넣으세요.

2 빨간색으로 칠해진 수의 규칙을 찾아보세요.

오른쪽으로 갈수록 ☐ 씩 커지는 규칙이 있습니다.

3 파란색으로 칠해진 수의 규칙을 찾아보세요.

아래쪽으로 내려갈수록 ☐ 씩 커지는 규칙이 있습니다.

4 초록색 점선을 따라 접었을 때 만나는 수의 규칙을 찾아보세요.

만나는 수는 서로
(같습니다 , 다릅니다).

(5~6) 곱셈표를 보고 규칙을 찾아 빈칸에 알맞은 수를 써넣으세요.

5

×	1	3	5	7
1	1	3	5	
3	3	9	15	21
5		15	25	35
7	7		35	49

6

×	2	4	6	8
2	4	8		16
4	8		24	32
6	12	24	36	
8		32	48	64

7 빈칸에 알맞은 수를 써넣고, 빨간색 선 안에 있는 수와 규칙이 같은 곳을 찾아 색칠해 보세요.

×	5	6	7	8	9
5	25	30	35	40	45
6	30	36		48	54
7	35	42	49	56	
8	40	48	56		72
9	45	54	63		81

생활에서 규칙 찾기

[8~10] 다음 달력을 보고 규칙을 알아보세요.

			7월			
일	월	화	수	목	금	토
		1	2	3	4	5
6	7	8	9	10	11	12
13	14	15	16	17	18	19
20	21	22	23	24	25	26
27	28	29	30	31		

8 위 달력에 수요일인 날짜를 모두 찾아 ◯표 하세요.

9 수요일에 있는 수의 규칙을 찾아보세요.

수요일에 있는 수는 ▢ 씩 커지는 규칙이 있습니다.

10 초록색 점선에 놓인 수의 규칙을 찾아 보세요.

5부터 ▢ 씩 커지는 규칙이 있습니다.

11 시계에서 찾을 수 있는 규칙을 알아보세요.

1에서 12까지 ▢ 씩 커지는 규칙이 있습니다.

[12~14] 생활에서 찾을 수 있는 수의 규칙을 알아보세요.

12

컴퓨터 자판의 수 버튼

같은 줄에서 오른쪽으로 갈수록 ▢ 씩 커지는 규칙이 있습니다.

13

학교 사물함의 번호

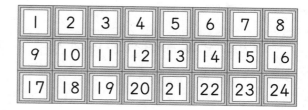

아래쪽으로 내려갈수록 ▢ 씩 커지는 규칙이 있습니다.

14

사물함 자물쇠의 번호

아래쪽으로 내려갈수록 ▢ 씩 커지는 규칙이 있습니다.

다시 확인

1 규칙에 맞게 ☐ 안에 알맞은 모양을 그려 넣고, 규칙을 써 보세요.

규칙 _____

2 규칙에 따라 쌓기나무를 쌓은 것입니다. 물음에 답하세요.

  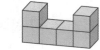 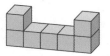

쌓기나무가 늘어나는 규칙을 찾아 다음에 이어질 모양을 알아봐요.

(1) 규칙을 찾아 써 보세요.

규칙 _____

(2) 다음에 이어질 모양에 쌓을 쌓기나무는 모두 몇 개일까요?

(   )

3 규칙에 따라 쌓기나무를 쌓은 것입니다. 물음에 답하세요.

(1) 쌓기나무를 2층, 3층으로 쌓은 모양에서 쌓기나무는 각각 몇 개일까요?

2층 (   ), 3층 (   )

(2) 쌓기나무를 4층으로 쌓으려면 쌓기나무는 모두 몇 개 필요할까요?

(   )

4 나은이는 규칙적으로 구슬을 꿰어 목걸이를 만들려고 합니다. 규칙에 맞게 색칠해 보세요.

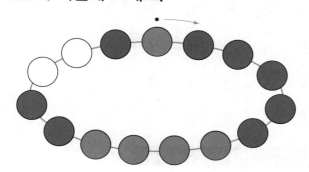

다시 확인

• 반복되는 색깔과 늘어나는 구슬 수의 규칙을 찾아 색칠해 봅니다.

(5~6) 그림을 보고 물음에 답하세요.

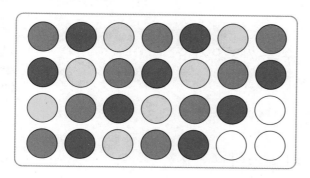

5 규칙을 찾아 ○ 안에 알맞게 색칠해 보세요.

6 위의 모양을 ⬤는 1, ⬤는 2, ⬤는 3으로 바꾸어 나타내 보세요.

1	2	3	1	2	3	1
2	3	1	2	3	1	2
3	1	2				

1, 2, 3이 반복되는 규칙이에요.

6. 규칙 찾기 **179**

7 덧셈표를 보고 물음에 답하세요.

+	0	1	2	3	4	5	6	7
0	0	1	2	3	4	5	6	7
1	1	2	3	4	5	6	7	8
2	2	3	4	5	6	7	8	9
3	3	4	5	6	7	8	9	10
4	4	5	6	7	8	9	10	11
5	5	6	7	8	9	10		12
6	6	7	8	9				
7	7	8	9	10				

(1) 규칙을 찾아 빈칸에 알맞은 수를 써넣으세요.

(2) 빨간색으로 칠해진 수의 규칙을 찾아보세요.

아래쪽으로 내려갈수록 [ ]씩 커지는 규칙이 있습니다.

(3) 초록색 점선에 놓인 수의 규칙을 찾아보세요.

↘ 방향으로 갈수록 [ ]씩 커지는 규칙이 있습니다.

(4) 파란색으로 칠해진 수의 규칙을 써 보세요.

규칙 _____

덧셈표에서 같은 줄에서 오른쪽으로 갈수록 1씩 커져요.

8 곱셈표를 보고 물음에 답하세요.

다시 확인

×	2	3	4	5
2	4	6	8	
3	6	9		15
4	8	12	16	20
5	10	15		25

(1) 규칙을 찾아 빈칸에 알맞은 수를 써넣으세요.

(2) 빨간색으로 칠해진 수의 규칙을 써 보세요.

규칙 _____

• 두 수의 곱을 이용하여 빈칸에 알맞은 수를 구할 수 있습니다.

9 어느 해 12월의 달력입니다. 물음에 답하세요.

12월						
일	월	화	수	목	금	토
				1	2	3
4	5	6	7	8	9	10
11	12	13	14	15	16	17
18	19	20	21	22	23	24
25	26	27	28	29	30	31

(1) 목요일에 있는 수의 규칙을 써 보세요.

규칙 _____

(2) 위 달력에서 찾을 수 있는 규칙을 2가지 써 보세요.

규칙 _____

_____

목요일은
1일, 8일, 15일, 22일,
29일이에요.

(1~3) 덧셈표를 보고 물음에 답하세요.

+	3	4	5	6	7
3	6	7	8		
4	7	8	9	10	11
5	8	9	10	11	
6	9			12	13
7	10	11	12		14

1 규칙을 찾아 빈칸에 알맞은 수를 써넣으세요.

2 빨간색 점선에 놓인 수의 규칙을 찾아보세요.

오른쪽으로 갈수록 ☐ 씩 커지는 규칙이 있습니다.

3 파란색 점선에 놓인 수의 규칙을 찾아보세요.

↘ 방향으로 갈수록 ☐ 씩 커지는 규칙이 있습니다.

4 규칙을 찾아 빈칸에 알맞은 수를 써넣으세요.

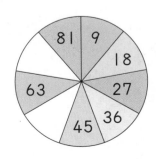

5 규칙에 따라 쌓기나무를 쌓은 것입니다. 쌓은 규칙을 알아보세요.

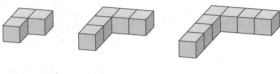

쌓기나무가 ☐ 개씩 늘어나는 규칙입니다.

(6~7) 규칙에 따라 무늬를 만들었습니다. 물음에 답하세요.

♥	▼	★	★	♥	▼	★
★	♥	▼	★	★	♥	▼
★	★	♥	▼			

6 규칙에 맞게 빈칸에 알맞은 모양을 그려 보세요.

7 위 모양을 ♥는 1, ▼는 2, ★은 3으로 바꾸어 나타내 보세요.

1	2	3	3	1	2	3
3	1	2	3	3		

[8~9] 규칙을 찾아 빈칸에 알맞은 모양을 그려 보세요.

8

9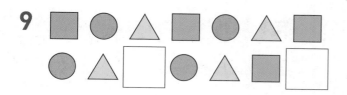

[10~11] 규칙에 따라 쌓기나무를 쌓은 것입니다. 물음에 답하세요.

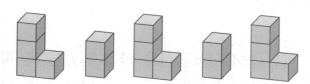

10 어떤 규칙으로 쌓은 것일까요?

쌓기나무가 **4**개, ☐ 개씩 반복되는 규칙입니다.

11 여섯 번째 모양까지 쌓았을 때 사용한 쌓기나무는 모두 몇 개일까요?

(   )

12 구슬을 규칙에 따라 무늬를 완성해 보세요.

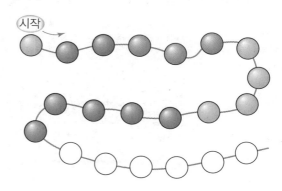

[13~14] 곱셈표를 보고 물음에 답하세요.

×	1	3	5	7
1	1	3	5	7
3	3	9	15	21
5	5	15	25	35
7	7	21	35	49

13 빨간색으로 칠해진 수의 규칙을 써 보세요.

규칙 _____

_____

14 위 **13**과 같은 규칙이 있는 수들을 찾아 선으로 표시해 보세요.

15 휴대 전화의 빨간색 안의 숫자 버튼을 보고 규칙을 찾아 써 보세요.

규칙 _____

_____

16 규칙을 찾아 빈칸에 알맞은 무늬를 그려 보세요.

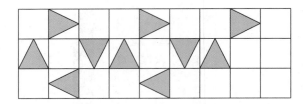

17 어느 공연장의 자리를 나타낸 그림입니다. 서윤이의 자리 번호가 22번이라면 라열의 왼쪽에서 몇 번째에 앉아야 할까요?

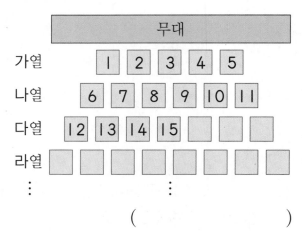

( )

(18~19) 어느 해 4월 달력의 일부분입니다. 물음에 답하세요.

4월						
일	월	화	수	목	금	토
					1	2
3	4	5	6	7	8	9
10	11	12	13	14	15	16

18 달력에서 찾을 수 있는 규칙을 1가지만 써 보세요.

규칙 _____

_____

19 넷째 주 금요일은 며칠일까요?

( )

20 곱셈표를 점선을 따라 접었을 때 파란색으로 색칠된 칸과 만나는 곳에 알맞은 수는 얼마일까요?

×	1	2	3	4	5
1	1				
2	2	4			
3	3	6	9		
4	4	8	12	16	
5	5	10	15	20	25

( )

스스로 학습장

규칙 찾기에 대하여 정리해 보세요.

1 규칙을 찾아 빈칸에 알맞은 수를 써넣으세요.

+	2	3	4	5	6
5	7	8	9	10	
6	8		10	11	12
7	9	10		12	13
8	10	11	12		14
9		12	13	14	15

2 빨간색 선 안에 있는 수들과 규칙이 같은 곳에 색칠해 보세요.

×	1	2	3	4	5
1	1	2	3	4	5
2	2	4	6	8	10
3	3	6	9	12	15
4	4	8	12	16	20
5	5	10	15	20	25

3 나만의 규칙을 정해 빈칸에 알맞은 무늬를 만들어 보세요.

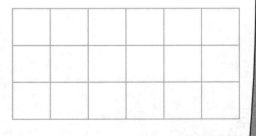

4 생활에서 규칙을 찾고, 찾은 규칙을 써 보세요.

_____

_____

_____

_____

강길이네 집

오늘이 타루를 만나는 날이지?

응!

수학보드게임
곤충탐험

샤

샤

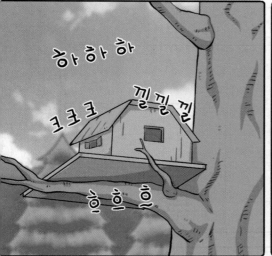

하하하

ㅋㅋㅋ

낄낄낄

흐흐흐

네가 타루의 새 친구구나!

안녕 하세요.

난 강길이야. 반가워~.

나도 반가워~.

우리 오늘은 곤충 농장으로 가자.

강길아, 넌 왜 구경 안 해?

난 괜찮아.

강길이는 아직도 곤충이 무섭구나?

아니에요!!

너도 얼른 와서 곤충들을 보렴.

오빠, 가까이 와서 봐.

할 수 있다!?

윙

윙

윙

으아악~ 아직은 곤충이 무서워~.

하하

호호

흐흐

ㅋㅋ

우다닥

파브르는 1823년 12월 프랑스에서 태어났습니다.

파브르는 어린 시절부터 영리했으며 책 읽기를 좋아했습니다.

파브르는 19살에 선생님이 되어 학생들을 가르쳤습니다.

파브르는 선생님이 된 후에도 공부 욕심이 많아 수학, 과학에도 관심을 갖고 공부하였습니다.

그러던 중 파브르는 곤충에 대해 큰 관심을 갖고 연구하기 시작했습니다.

이후 파브르는 자신의 연구 결과를 모아 〈곤충기〉라는 책을 썼습니다.

곤충을 사랑했던 파브르는 1915년 10월 세상을 떠났습니다.

파브르의 〈곤충기〉는 지금 많은 사람들에게 사랑받는 책이랍니다.

배움으로 행복한 내일을 꿈꾸는
천재교육 커뮤니티 안내

. . .

교재 안내부터 구매까지 한 번에!
천재교육 홈페이지

자사가 발행하는 참고서, 교과서에 대한 소개는 물론
도서 구매도 할 수 있습니다. 회원에게 지급되는 별을 모아
다양한 상품 응모에도 도전해 보세요!

다양한 교육 꿀팁에 깜짝 이벤트는 덤!
천재교육 인스타그램

천재교육의 새롭고 중요한 소식을 가장 먼저 접하고 싶다면?
천재교육 인스타그램 팔로우가 필수!
깜짝 이벤트도 수시로 진행되니 놓치지 마세요!

수업이 편리해지는
천재교육 ACA 사이트

오직 선생님만을 위한, 천재교육 모든 교재에 대한 정보가 담긴
아카 사이트에서는 다양한 수업자료 및 부가 자료는 물론
시험 출제에 필요한 문제도 다운로드하실 수 있습니다.

https://aca.chunjae.co.kr

천재교육을 사랑하는 샘들의 모임
천사샘

학원 강사, 공부방 선생님이시라면 누구나 가입할 수 있는 천사샘!
교재 개발 및 평가를 통해 교재 검토진으로 참여할 수 있는 기회는 물론
다양한 교사용 교재 증정 이벤트가 선생님을 기다립니다.

아이와 함께 성장하는 학부모들의 모임공간
튠맘 학습연구소

튠맘 학습연구소는 초·중등 학부모를 대상으로 다양한 이벤트와 함께
교재 리뷰 및 학습 정보를 제공하는 네이버 카페입니다.
초등학생, 중학생 자녀를 둔 학부모님이라면 튠맘 학습연구소로 오세요!

개념클릭

정답 및 풀이

및

초등 수학 2·2

천재교육

정답 및 풀이
포인트 3가지

▶ 빠르게 정답을 확인하는 스피드 정답

▶ 혼자서도 이해할 수 있는 친절한 문제 풀이

▶ 문제 해결에 필요한 핵심 내용 또는
  틀리기 쉬운 내용을 담은 참고와 주의

스피드 정답

❶ 네 자리 수

11쪽 — 단계 1 교과서 개념

1 500, 600, 800, 1000
2 1000, 천　　　3 1000개
4 1000, 1000

13쪽 — 단계 1 교과서 개념

1 2000, 이천　　　2 4000, 사천
3 5000, 오천　　　4 8000, 팔천

14~15쪽 — 단계 2 개념 집중 연습

1 1000　　　　　　2 1000
3 1000, 100　　　4 1000, 10
5 1000　　　　　　6 200
7 1　　　　　　　　8 6, 6000
9 8, 8000　　　　10 3000, 삼천
11 7000, 칠천　　12 5000, 오천
13 이천　　　　　14 팔천
15 사천　　　　　16 8000
17 6000　　　　　18 9000

17쪽 — 단계 1 교과서 개념

1 (1) 3, 1, 5, 2　(2) 3152, 삼천백오십이
2 4725　　　　　3 7269
4 이천구백사십칠　5 오천팔백사십

19쪽 — 단계 1 교과서 개념

1 (위부터) 8, 7, 2, 5 ; 8000, 20 ; 8000,
　700, 5
2 (위부터) 6, 1, 9, 7 ; 6000, 90 ; 100,
　90, 7

20~21쪽 — 단계 2 개념 집중 연습

1 1254　　　　　　2 2168
3 6, 2, 7, 1　　　4 3, 9, 4, 5
5 8657　　　　　　6 5073
7 삼천칠백이십일　　8 사천백오십
9 육천이십칠
10 5000, 800, 20, 7
11 2000, 500, 40, 6
12 9000, 200, 60, 1
13 3000, 60　　　14 5000, 7
15 500, 3　　　　16 700, 9
17 800, 2

23쪽 — 단계 1 교과서 개념

1 4000, 6000, 7000, 8000
2 2900, 3900, 5900, 6900
3 5200, 5300, 5400, 5500
4 2930, 3030, 3130, 3230
5 2560, 2570, 2580
6 1448, 1458, 1468

25쪽 — 단계 1 교과서 개념

1 (1) (위부터) 3, 1 ; 5, 4　(2) <
2 >　　　　3 >　　　　4 >
5 <　　　　6 >　　　　7 <

26~27쪽 — 단계 2 개념 집중 연습

1 4547, 5547　　　2 7702, 8702
3 5443, 5543　　　4 6741, 6841
5 7456, 7466　　　6 4378, 4388
7 3526, 3527　　　8 8258, 8259
9 10씩　　　　　　10 1000씩
11 1씩　　　　　　12 100씩
13 <　　　14 >　　　15 <
16 <　　　17 <　　　18 >
19 5849　　　　　20 7248

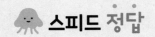

28~31쪽 　단계 3 익힘 문제 연습

1 1000
2 4000, 사천
3 6000, 육천
4 민혁
5 6245, 육천이백사십오
6 우빈
7 (1) 6, 2, 4, 3　(2) 5792
8 2040, 2013
9 3574에 ◯표
10 (1) <　(2) <　(3) >　(4) >
11 (1) 4380, 4580
　(2) 5547, 6547, 7547
12 (1) 4000　(2) 40
13 4600
14 6500
15 1000, 100

32~34쪽 　단계 4 단원 평가

1 1000
2 5, 5000
3 칠천
4 7346
5 2, 3, 0, 4
6 5378, 오천삼백칠십팔
7 8000, 5, 50
8 5270원
9 8000
10 ②
11 >
12 <
13 200원
14 7239, 8239, 9239
15 6462, 6472, 6482
16 5218
17 6942에 ◯표, 8256에 △표
18 4700, 5500
19 1000, 100
20 8641

35쪽 　스스로학습장

1 (1) 10　(2) 10　(3) 천　(4) 6000, 육천
　(5) 100 100 100 100 100
　　　100 100 100 100 100
2 (1) 5, 2, 0, 7　(2) 오천이백칠
　(3) 5000, 200　(4) 5, 2, 0, 7

❷ 곱셈구구

39쪽 　단계 1 교과서 개념

1 6, 8, 10 ; 2
2 4, 6, 8, 12, 14, 18
3 3, 6
4 5, 10

41쪽 　단계 1 교과서 개념

1 20, 25, 30
2 10, 15, 20, 30, 35, 40, 45
3 3, 15
4 7, 35

42~43쪽 　단계 2 개념 집중 연습

1 4
2 10
3 14
4 18
5 4, 6, 8, 12, 14, 16, 18
6 4, 8
7 8, 16
8 3, 6
9 6, 12
10 10
11 15
12 35
13 40
14 15, 20, 25, 30, 35, 40, 45
15 6, 30
16 4, 20
17 9, 45
18 5, 25

45쪽 　단계 1 교과서 개념

1 9, 12, 15
2 3, 9, 12, 15, 18, 24, 27
3 4, 12
4 7, 21

47쪽 　단계 1 교과서 개념

1 (1) 12　(2) 24　(3) 36　(4) 54
2 12, 18, 24, 30, 42, 48, 54
3 3, 18
4 5, 30

48~49쪽　단계 **2** 개념 집중 연습

1 6　　　**2** 12　　　**3** 24
4 27　　**5** 9, 12, 15, 21, 24, 27
6 5, 15　　**7** 6, 18　　**8** 3, 9
9 7, 21　　**10** 18　　**11** 30
12 42　　**13** 54
14 12, 18, 24, 30, 36, 42, 54
15 4, 24　　　**16** 6, 36
17 2, 12　　　**18** 8, 48

51쪽　단계 **1** 교과서 개념

1 12, 16, 20
2 8, 12, 16, 20, 28, 32, 36
3 3, 12　　　　**4** 8, 32

53쪽　단계 **1** 교과서 개념

1 (1) 24　(2) 48　(3) 56　(4) 72
2 16, 24, 32, 48, 56, 64, 72
3 4, 32　　　　**4** 5, 40

54~55쪽　단계 **2** 개념 집중 연습

1 12　　　**2** 20　　　**3** 28
4 36　　**5** 8, 12, 16, 20, 28, 32, 36
6 2, 8　　**7** 4, 16　　**8** 8, 32
9 6, 24　　**10** 16　　**11** 32
12 56　　**13** 64
14 16, 24, 32, 48, 56, 64, 72
15 3, 24　　　**16** 6, 48
17 5, 40　　　**18** 9, 72

57쪽　단계 **1** 교과서 개념

1 14, 21, 28
2 14, 21, 28, 35, 49, 56, 63
3 4, 28　　　　**4** 6, 42

59쪽　단계 **1** 교과서 개념

1 (1) 18　(2) 45　(3) 63　(4) 81
2 9, 18, 27, 36, 45, 63, 72, 81
3 4, 36　　　　**4** 6, 54

60~61쪽　단계 **2** 개념 집중 연습

1 21　　　　　**2** 35
3 42　　　　　**4** 63
5 21, 28, 35, 49, 56, 63
6 4, 28　　　**7** 2, 14
8 8, 56　　　**9** 7, 49
10 18　　　　**11** 36
12 54　　　　**13** 63
14 18, 27, 36, 54, 63, 72, 81
15 3, 27　　　**16** 9, 81
17 8, 72　　　**18** 5, 45

63쪽　단계 **1** 교과서 개념

1 (1) 6　(2) 8　(3) 2　(4) 0　(5) 0　(6) 0
2 7, 7　　　　**3** 4, 0

65쪽　단계 **1** 교과서 개념

1

×	1	2	3	4	5	6	7	8	9
1	1	2	3	4	5	6	7	8	9
2	2	4	6	8	10	12	14	16	18
3	3	6	9	12	15	18	21	24	27
4	4	8	12	16	20	24	28	32	36
5	5	10	15	20	25	30	35	40	45
6	6	12	18	24	30	36	42	48	54
7	7	14	21	28	35	42	49	56	63
8	8	16	24	32	40	48	56	64	72
9	9	18	27	36	45	54	63	72	81

2 5씩

3

×	1	2	3	4	5	6	7	8	9
1	1	2	3	4	5	6	7	8	9
2	2	4	6	8	10	12	14	16	18
3	3	6	9	12	15	18	21	24	27
4	4	8	12	16	20	24	28	32	36
5	5	10	15	20	25	30	35	40	45
6	6	12	18	24	30	36	42	48	54
7	7	14	21	28	35	42	49	56	63
8	8	16	24	32	40	48	56	64	72
9	9	18	27	36	45	54	63	72	81

4 7, 28 ; 28 ; 28

67쪽   단계 **1** 교과서 **개념**

1 8, 32   **2** 6, 5, 30   **3** 3, 7, 21

68~69쪽   단계 **2** 개념 **집중 연습**

1 4   **2** 0   **3** 0
4 9   **5** 0   **6** 0
7 5, 5   **8** 4, 0

9

×	2	3	4
3	6	9	12
4	8	12	16
5	10	15	20

10

×	1	3	5	7
2	2	6	10	14
4	4	12	20	28
6	6	18	30	42
8	8	24	40	56

11

×	1	2	3	4	5	6
1	1	2	3	4	5	6
2	2	4	6	8	10	12
3	3	6	9	12	15	18
4	4	8	12	16	20	24
5	5	10	15	20	25	30
6	6	12	18	24	30	36

12 4   **13** 5, 4   **14** 3, 5
15 5, 30   **16** 3, 7, 21   **17** 4, 4, 16

70~73쪽   단계 **3** 익힘 문제 연습

1 7, 42   **2** 4, 28   **3** 6, 54
4 예 ; 4, 20

5 12, 16, 20   **6**
7 2 ; 4, 4 ; 9, 9   **8** 8, 5, 40
9 (1) 0   (2) 0   (3) 0   (4) 0
10 (위부터) 4, 12, 24, 32 ; 8, 24, 48, 64
11 5, 25 ; 6, 30 ; 7, 35
12 (1) 9 ;
        0   5   10   15
    (2) 12 ;
        0   5   10   15
13 (1) 42   (2) 8
14 (1)

×	3	5	7
2	6	10	14
3	9	15	21
4	12	20	28

(2)

×	2	4	7
4	8	16	28
7	14	28	49
9	18	36	63

15 45개   **16** 30명

74~76쪽   단계 **4** 단원 **평가**

1 16   **2** 30   **3** 7, 4   **4** 0, 0
5 5, 15   **6** 6, 42   **7** 5, 40
8 예  ; 3, 21

9   **10**
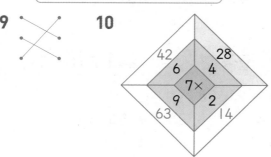

11

×	7	8	9
3	21	24	27
4	28	32	36
5	35	40	45

12

⊗		
6	4	24
7	8	56
42	32	

13 <

14

×	1	2	3	4	5	6	7
1	1	2	3	4	5	6	7
2	2	4	6	8	10	12	14
3	3	6	9	12	15	18	21
4	4	8	12	16	20	24	28
5	5	10	15	20	25	30	35
6	6	12	18	24	30	36	42
7	7	14	21	28	35	42	49

15 7씩
16 6, 5
17 5×7, 7×5
18 0, 3, 2, 6 ; 11점
19 21마리
20 54개

77쪽 스스로학습장

1 ○ **2** × **3** ○
4 × **5** ○ **6** ○
7 ○ **8** ×

❸ 길이 재기

81쪽 단계 **1** 교과서 개념

1 (1) 40 (2) 1, 40   **2** 1
3 200   **4** 100, 60, 1, 60
5 400, 20, 420

83쪽 단계 **1** 교과서 개념

1 110, 1, 10   **2** 101 ; 107, 1, 7
3 113 ; 1, 18

84~85쪽 단계 **2** 개념 집중 연습

1 1, 50   **2** 200, 270
3 2미터 7센티미터   **4** 4미터 51센티미터
5 300   **6** 700   **7** 474
8 2, 73   **9** 309   **10** 4, 7
11 632   **12** 104, 1, 4
13 108, 1, 8   **14** 111, 1, 11
15 143, 1, 43   **16** 1 m 20 cm
17 1 m 45 cm   **18** 1 m 32 cm

87쪽 단계 **1** 교과서 개념

1 (1) 60 (2) 3 (3) 3, 60   **2** 5, 64
3 7, 83   **4** 7, 57   **5** 5, 56

89쪽 단계 **1** 교과서 개념

1 (1) 30 (2) 1 (3) 1, 30   **2** 2, 30
3 3, 27   **4** 1, 21   **5** 2, 12

90~91쪽 단계 **2** 개념 집중 연습

1 2, 50   **2** 2, 80   **3** 6, 70
4 4, 95   **5** 4, 59   **6** 5, 81
7 8, 82   **8** 8, 88   **9** 8, 72
10 7, 91   **11** 1, 40   **12** 60
13 5, 10   **14** 3, 45   **15** 2, 30
16 8, 37   **17** 4, 7   **18** 3, 45
19 4, 29   **20** 2, 7

93쪽 단계 **1** 교과서 개념

1 3 m   **2** (1) 2 m (2) 3 m

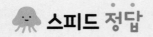

95쪽   단계 1 교과서 개념

1 l0   **2** l4   **3** (1) 6   (2) 6

96~97쪽   단계 2 개념 집중 연습

1 2   **2** 4   **3** 3   **4** 2 m
5 3 m   **6** 2 m   **7** 9 m   **8** 6 m
9 l5 m   **10** l35 cm   **11** 5 m
12 l00 m   **13** 500 cm   **14** 5 m

98~101쪽   단계 3 익힘 문제 연습

1 5미터 27센티미터
2 (1) 4   (2) 254   (3) 3, 2l
3 l02 ; l, 6   **4** l50, l, 50   **5** l2 m
6 (1) m   (2) cm   (3) m   **7** ㉠, ㉣
8 (1) l40 cm   (2) l00 m   (3) l0 m
9 (1) 7, 63   (2) 2, 3l
10 4 m   **11** 타루, 강길, 강희
12 2 m 50 cm   **13** 2 m 58 cm

102~104쪽   단계 4 단원 평가

1 800, 8   **2** 3미터 60센티미터
3 3, 60   **4** l37
5 4l2   **6** 2, l4
7 (×)   **8** l m 20 cm
    (○)
9 6, 86   **10** 2, 45   **11** 4 m
12 ③   **13** 3 m   **14** 5 m
15 ㉣, ㉡, ㉢, ㉠
16 (1) l30 cm   (2) 3 m
17 은주   **18** 5 m 68 cm
19 2 m 35 cm   **20** 6 m

105쪽   스스로학습장

1 9, 4   **2** 82, 75
3 8, l6   **4** 4

❹ 시각과 시간

109쪽   단계 1 교과서 개념

1 (1) 4, 3   (2) 35   (3) 3, 35
2 6, l0   **3** 9, 20
4 ll, 35   **5** l, 45

111쪽   단계 1 교과서 개념

1 (1) 8, 7   (2) 3, 23   (3) 7, 23
2 4, 48   **3** 5, l8
4 ll, 27   **5** 3, 52

112~113쪽   단계 2 개념 집중 연습

1 3, ll, l5   **2** l, 3, 5   **3** 8, 50
4 l, 35   **5** 2, 55   **6** l2, 20
7   **8**
9 8, 57   **10** 5, 8
11 l0, l2   **12** l, 36
13   **14**
15   **16**

115쪽   단계 1 교과서 개념

1 (1) 2, 50   (2) l0   (3) l0
2 55 ; 5   **3** 45 ; l5
4 50 ; 7, l0   **5** 8, 55 ; 9, 5

1 (1) 7시 10분 20분 30분 40분 50분 8시 10분 20분 30분 40분 50분 9시

(2) 1, 60

2 (1) 3시 10분 20분 30분 40분 50분 4시 10분 20분 30분 40분 50분 5시

(2) 1, 20, 80

1 1, 45 ; 2, 15　　**2** 5, 50 ; 6, 10

3 4, 52 ; 5, 8　　**4** 2, 57 ; 3, 3

5 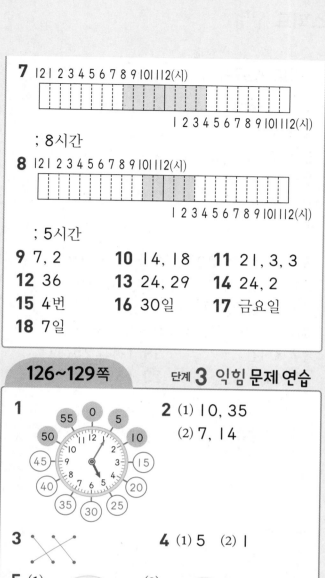 **6**

7 5　　　　　　　　**8** 15

9 6, 50　　　　　　**10** 120

11 60, 70　　　　　**12** 120, 160

13 120, 2, 20　　　**14** 1, 24

15 89　　　　　　　**16** 1, 40

17 65　　　　　　　**18** 1, 10, 70

19 1, 30, 90　　　　**20** 2, 20, 140

1 (1) 오전　(2) 오후　**2** 4

3 9　　　　　　　　**4** 12

1 (1) 11, 목　(2) 18, 목　　**2** 7, 11

3 14, 2, 2　**4** 12, 15　**5** 12, 1

1 24, 31　**2** 6, 1, 6　**3** 48

4 1, 2　　**5** 53　　　**6** 2, 2

7 12 1 2 3 4 5 6 7 8 9 10 11 12(시)

1 2 3 4 5 6 7 8 9 10 11 12(시)

; 8시간

8 12 1 2 3 4 5 6 7 8 9 10 11 12(시)

1 2 3 4 5 6 7 8 9 10 11 12(시)

; 5시간

9 7, 2　　　　**10** 14, 18　　**11** 21, 3, 3

12 36　　　　**13** 24, 29　　**14** 24, 2

15 4번　　　**16** 30일　　　**17** 금요일

18 7일

1 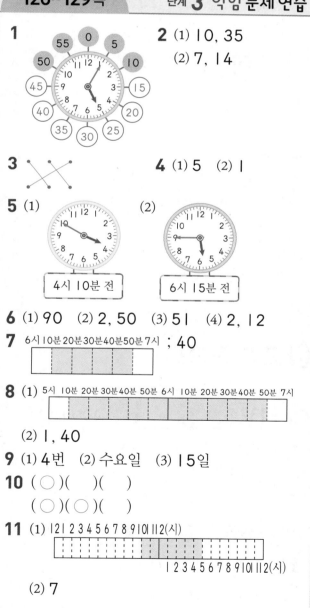　　　　**2** (1) 10, 35

(2) 7, 14

3　　　　　　　　　**4** (1) 5　(2) 1

5 (1)　　　　(2)

4시 10분 전　　　6시 15분 전

6 (1) 90　(2) 2, 50　(3) 51　(4) 2, 12

7 6시 10분 20분 30분 40분 50분 7시 ; 40

8 (1) 5시 10분 20분 30분 40분 50분 6시 10분 20분 30분 40분 50분 7시

(2) 1, 40

9 (1) 4번　(2) 수요일　(3) 15일

10 (○)(　)(　)

(○)(○)(　)

11 (1) 12 1 2 3 4 5 6 7 8 9 10 11 12(시)

1 2 3 4 5 6 7 8 9 10 11 12(시)

(2) 7

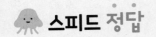

130~132쪽   단계 4 단원 평가

1 오전, 오후
2 11, 55
3 1, 48
4 50 ; 10
5 1, 35 ; 110
6 2, 6 ; 16
7
8
9 9일, 16일, 23일, 30일   **10** 19일
11 수요일   **12** 9, 15 ; 10, 20
13 1시간 5분   **14** ㄹ   **15** ②
16 오전에 ○표, 10 ; 오후에 ○표, 6
17 8시간
18 1시간 25분
19 61잔
20 18일

133쪽   스스로 학습장

1 (clock showing time)

2 7시 10분 20분 30분 40분 50분 8시 10분 20분 30분 40분 50분 9시

; 50
3 7, 15
4 8 ; 9 ; 1

⑤ 표와 그래프

137쪽   단계 1 교과서 개념

1 (1) 포도   (2) 4, 3, 1, 1, 9
2 3, 5, 2, 2, 12

139쪽   단계 1 교과서 개념

1 (1) 3, 2, 2, 2, 9   (2) 9명
2 5, 3, 3, 1, 12

140~141쪽   단계 2 개념 집중 연습

1 피아노   **2** 지후, 혁수, 다빈
3

배우고 싶은 악기별 학생 수

악기	피아노	바이올린	드럼	기타	합계
학생 수 (명)	////	////	////	////	
	5	4	4	3	16

4

필요한 학용품별 학생 수

학용품	연필	자	공책	가위	합계
학생 수 (명)	////	////	////	////	
	5	2	3	2	12

5

색깔별 구슬 수

색깔	빨강	노랑	파랑	초록	합계
구슬 수 (개)	////	////	////	////	
	5	3	4	5	17

6 강아지, 기린, 호랑이, 고양이
7 2명
8

좋아하는 동물별 학생 수

동물	강아지	기린	호랑이	고양이	합계
학생 수 (명)	////	////	////	////	
	4	2	2	4	12

9 12명   **10** 6, 4, 2, 12
11 3, 2, 6, 4, 15

143쪽   단계 1 교과서 개념

1

한솔이네 모둠 학생들이 좋아하는 간식별 학생 수

4		○		
3		○		○
2	○	○		○
1	○	○	○	○
학생 수(명) / 간식	김밥	떡볶이	빵	과자

2 가고 싶은 나라별 학생 수

학생 수(명) 나라	미국	프랑스	영국	중국
5	×			
4	×		×	
3	×	×	×	
2	×	×	×	×
1	×	×	×	×

145쪽 단계**1** 교과서 개념

1 18명

2 3명

3 보희네 반 학생들이 좋아하는 음식별 학생 수

학생 수(명) 음식	김밥	짜장면	피자	햄버거	라면
5			○		
4	○	○	○		
3	○	○	○	○	
2	○	○	○	○	○
1	○	○	○	○	○

4 피자

147쪽 단계**1** 교과서 개념

1 1, 2, 3, 2, 8

2 선예네 모둠 학생들이 좋아하는 운동별 학생 수

학생 수(명) 운동	피구	야구	축구	농구
3			○	
2		○	○	○
1	○	○	○	○

3 그래프

148~149쪽 단계**2** 개념 집중 연습

1 좋아하는 과일별 학생 수

학생 수(명) 과일	감	사과	포도	귤
6			○	
5	○		○	
4	○		○	○
3	○	○	○	○
2	○	○	○	○
1	○	○	○	○

2 학생별 장난감의 수

수(개) 이름	아율	민재	도윤	선아
5				○
4	○			○
3	○		○	○
2	○	○	○	○
1	○	○	○	○

3 14명

4 장래희망별 학생 수

학생 수(명) 장래희망	연예인	운동선수	의사	선생님
5				×
4		×		×
3	×	×		×
2	×	×	×	×
1	×	×	×	×

5 의사   **6** 선생님

7 2, 4, 2, 1, 9

8 좋아하는 주스별 학생 수

학생 수(명) 주스	오렌지	포도	사과	토마토
4		/		
3		/		
2		/	/	/
1	/	/	/	/

9 표

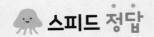

10 5, 4, 8, 3, 20

11

종류별 공의 수

수(개) \ 종류	축구공	농구공	야구공	배구공
8			◯	
7			◯	
6			◯	
5	◯		◯	
4	◯	◯	◯	
3	◯	◯	◯	◯
2	◯	◯	◯	◯
1	◯	◯	◯	◯

150~153쪽 · 단계 **3** 익힘 문제 연습

1 초록　　　　**2** 21명

3

유빈이네 반 학생들이 좋아하는 색깔별 학생 수

색깔	▨	▨	▨	▨	합계
학생 수(명)	5	9	3	4	21

4 ㉡, ㉢, ㉣, ㉠

5

은주네 모둠 학생들이 좋아하는 곤충별 학생 수

곤충	나비	잠자리	무당벌레	사슴벌레	합계
학생 수(명)	5	4	1	2	12

6

은주네 모둠 학생들이 좋아하는 곤충별 학생 수

학생 수(명) \ 곤충	나비	잠자리	무당벌레	사슴벌레
5	◯			
4	◯	◯		
3	◯	◯		
2	◯	◯		◯
1	◯	◯	◯	◯

7 21명

8 시금치, 2명

9

영주네 반 학생들이 좋아하는 채소별 학생 수

학생 수(명) \ 채소	호박	당근	오이	양배추	시금치
7			/		
6			/		
5			/		
4	/		/		
3	/	/	/	/	
2	/	/	/		/
1	/	/	/	/	/

10 오이　　　　**11** 8, 4, 5, 5, 6, 5, 33

12

6개월 동안 월별 공휴일 수

공휴일 수(일) \ 월	1	2	3	4	5	6
8	◯					
7	◯					
6	◯			◯		
5	◯		◯	◯		◯
4	◯	◯	◯	◯	◯	◯
3	◯	◯	◯	◯	◯	◯
2	◯	◯	◯	◯	◯	◯
1	◯	◯	◯	◯	◯	◯

154~156쪽 · 단계 **4** 단원 평가

1 인형　　　　**2** 수경, 유진, 성진

3 5명　　　　**4** 5, 4, 3, 12

5 3명　　　　**6** 13명

7

좋아하는 주스별 학생 수

학생 수(명) \ 주스	오렌지	포도	사과
6	×		
5	×		
4	×		×
3	×	×	×
2	×	×	×
1	×	×	×

8 오렌지 주스　　　　**9** 2, 5, 4, 4, 15

10

학생 수(명) / 꽃	해바라기	장미	튤립	무궁화
5		○		
4		○	○	○
3		○	○	○
2	○	○	○	○
1	○	○	○	○

좋아하는 꽃별 학생 수

11 해바라기

12

좋아하는 나무별 학생 수

나무 / 학생 수(명)	1	2	3	4	5	6
버드나무	○	○	○			
단풍나무	○	○	○	○		
은행나무	○	○	○	○	○	○
소나무	○	○	○	○		

13 표   **14** 그래프   **15** ⑤

16 4번   **17** 15번   **18** 21일

19 5일

20

날씨별 날수

날수(일) / 날씨	맑음	흐림	비	눈
8	×			
7	×			
6	×	×		
5	×	×		×
4	×	×		×
3	×	×		×
2	×	×	×	×
1	×	×	×	×

157쪽 스스로학습장

1 예

좋아하는 간식별 학생 수

간식	피자	떡	치킨	과자	합계
학생 수(명)	3	4	6	2	15

예

좋아하는 간식별 학생 수

학생 수(명) / 간식	피자	떡	치킨	과자
6			○	
5			○	
4		○	○	
3	○	○	○	
2	○	○	○	○
1	○	○	○	○

❻ 규칙 찾기

161쪽 단계 **1** 교과서 개념

1 (1) 원   (2) 파란색   (3)

2   **3** 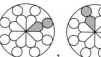   **4**

163쪽 단계 **1** 교과서 개념

1 (1) 시계에 ○표   (2)

2

3 ,

4

164~165쪽 단계 **2** 개념 집중 연습

1 ( )(○)   **2** ♣, ♥

3   **4**

5 별, 하트   **6** 노란색, 초록색

7 ☆, ♥

8 (위부터) 3, 1, 2, 3, 1, 2, 3, 1, 2, 3

9 시계에 ○표

10

11

12

13

14

15 예

16 예

167쪽　　　단계 **1** 교과서 개념

1 2　　　　　　　**2** 6개
3 11개

169쪽　　　단계 **1** 교과서 개념

1 (1) (위부터) 10, 10, 14, 12　(2) 2　(3) 4
2 (위부터) 6, 5, 7, 10
3 (위부터) 6, 10, 14, 16

170~171쪽　　　단계 **2** 개념 집중 연습

1 4　　　　　　　　**2** 2개
3 2　　　　　　　　**4** 1
5 1　　　　　　　　**6** 5
7 10개　　　　　　　**8** 6개
9 (위부터) 9, 9, 12, 13, 12, 13, 14
10 1　　　　　　　　**11** 1
12 2
13 (위부터) 8, 14, 14, 18
14 (위부터) 14, 14, 14, 13, 16
15 (위부터) 11, 11, 7, 13

173쪽　　　단계 **1** 교과서 개념

1 (1) 2　(2) 5
2 (표부터) 42, 49 ; 6
3 (표부터) 16, 48 ; 8

175쪽　　　단계 **1** 교과서 개념

1 1　　　　　　　　　**2** 3
3 3

176~177쪽　　　단계 **2** 개념 집중 연습

1 (위부터) 18, 20, 15, 28
2 6　　　　　　　　**3** 7
4 같습니다에 ○표　　**5** (위부터) 7, 5, 21
6 (위부터) 12, 16, 48, 16
7

×	5	6	7	8	9
5	25	30	35	40	45
6	30	36	42	48	54
7	35	42	49	56	63
8	40	48	56	64	72
9	45	54	63	72	81

8 2, 9, 16, 23, 30에 ○표
9 7　　　　　　　　**10** 6
11 1　　　　　　　　**12** 1
13 8　　　　　　　　**14** 1

178~181쪽　　　단계 **3** 익힘 문제 연습

1 ,
; 예 , , 가 반복되는 규칙입니다.
2 (1) 예 1층의 가운데 쌓기나무가 1개씩 늘어
　　나는 규칙입니다.
　　(2) 8개
3 (1) 3개, 6개　(2) 10개

4 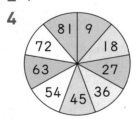 ⬤ , ⬤   **5** (위부터) ◯ , ◯ , ⬤

6 (위부터) 3, 1, 2, 3, 1, 2, 3, 1, 2, 3, 1

7 (1) (위부터) 11, 10, 11, 12, 13, 11, 12,
　　13, 14

　　(2) 1　(3) 2

　　(4) ⑩ 오른쪽으로 갈수록 1씩 커지는 규칙이
　　　　있습니다.

8 (1) (위부터) 10, 12, 20

　　(2) ⑩ 오른쪽으로 갈수록 4씩 커지는 규칙이
　　　　있습니다.

9 (1) ⑩ 아래쪽으로 내려갈수록 7씩 커지는 규
　　　　칙이 있습니다.

　　(2) ⑩ 모든 요일이 7일마다 반복되는 규칙이
　　　　있습니다.

　　　　오른쪽으로 갈수록 1씩 커지는 규칙이
　　　　있습니다.

14

×	1	3	5	7
1	1	3	5	7
3	3	9	15	21
5	5	15	25	35
7	7	21	35	49

15 ⑩ 오른쪽으로 갈수록 1씩 커지는 규칙이
　　있습니다.

16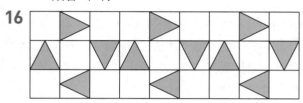

17 4번째

18 ⑩ 모든 요일이 7일마다 반복되는 규칙이
　　있습니다.

19 22일

20 8

182~184쪽 단계 **4** 단원 **평가**

1 (위부터) 9, 10, 12, 10, 11, 13

2 1　　　　　　**3** 2

4

⦿ 원형 다이어그램: 81, 9, 72, 18, 63, 27, 54, 45, 36

5 2　　　　　**6** ★ , ★ , ♥

7 (위부터) 1, 2, 3, 3, 1, 2, 3, 3, 1

8 ♣ , ♣　　　**9** ■ , ●

10 2　　　　　**11** 18개

12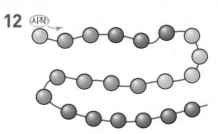

13 ⑩ 아래쪽으로 내려갈수록 10씩 커지는 규
　　칙이 있습니다.

185쪽 스스로학습장

1 (위부터) 11, 9, 11, 13, 11

2

×	1	2	3	4	5
1	1	2	3	4	5
2	2	4	6	8	10
3	3	6	9	12	15
4	4	8	12	16	20
5	5	10	15	20	25

3 ⑩

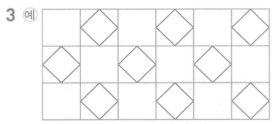

4 ⑩ 매일 낮과 밤이 반복됩니다.
　　봄, 여름, 가을, 겨울의 사계절이 반복됩
　　니다.

❶ 네 자리 수

> **학부모 지도 가이드** 2학년 1학기에서 배운 세 자리 수 범위에서 네 자리 수까지 범위를 넓혀 학습하고 실생활에서 네 자리 수가 쓰이는 상황에 대해 생각해 봅니다.
> 이 단원에서는 1000, 몇천, 네 자리 수, 각 자리의 숫자가 나타내는 수를 알아보고 뛰어 세기도 하고 수의 크기 비교를 해 봅니다.

11쪽   단계**1** 교과서 개념

1 500, 600, 800, 1000
2 1000, 천
3 1000개
4 1000, 1000

---

1 100부터 100씩 뛰어 세어 봅니다.
2 100이 10개이면 1000이고, 1000은 천이라고 읽습니다.
3 구슬이 100개씩 10바구니이므로 모두 1000개입니다.
4 999보다 1만큼 더 큰 수는 1000입니다.

13쪽   단계**1** 교과서 개념

1 2000, 이천   **2** 4000, 사천
3 5000, 오천   **4** 8000, 팔천

---

1 천 모형이 2개이므로 2000이라 쓰고, 이천이라고 읽습니다.
2 천 모형이 4개이므로 4000이라 쓰고, 사천이라고 읽습니다.
3 천 모형이 5개이므로 5000이라 쓰고, 오천이라고 읽습니다.
4 천 모형이 8개이므로 8000이라 쓰고, 팔천이라고 읽습니다.

14~15쪽   단계**2** 개념 집중 연습

1 1000   **2** 1000
3 1000, 100   **4** 1000, 10
5 1000   **6** 200
7 1   **8** 6, 6000
9 8, 8000   **10** 3000, 삼천
11 7000, 칠천   **12** 5000, 오천
13 이천   **14** 팔천
15 사천   **16** 8000
17 6000   **18** 9000

---

1 백 모형이 10개이면 1000입니다.
2 990에 십 모형 1개를 더하면 1000입니다.
3 수직선에서 100씩 커지므로 900보다 100만큼 더 큰 수는 1000입니다.
4 수직선에서 10씩 커지므로 990보다 10만큼 더 큰 수는 1000입니다.
5 100이 10개인 수는 1000입니다.
6 1000은 800보다 200만큼 더 큰 수입니다.
7 999보다 1만큼 더 큰 수가 1000입니다.
8 천 모형이 6개이면 6000입니다.
> **참고** 1000이 6개인 수는 6000입니다.

9 천 모형이 8개이면 8000입니다.
10 색종이는 1000장씩 3묶음이므로 3000이라 쓰고, 삼천이라고 읽습니다.
11 색종이는 1000장씩 7묶음이므로 7000이라 쓰고, 칠천이라고 읽습니다.
12 색종이는 1000장씩 5묶음이므로 5000이라 쓰고, 오천이라고 읽습니다.

13 2000 ⇨ 이천
14 8000 ⇨ 팔천
15 4000 ⇨ 사천
16 팔천 ⇨ 8000

17 육천 ⇨ 6000

18 구천 ⇨ 9000

---

1 8725에서

천의 자리 숫자 8, 8000
백의 자리 숫자 7, 700
십의 자리 숫자 2, 20
일의 자리 숫자 5, 5

⇨ 8725=8000+700+20+5

2 6197에서

천의 자리 숫자 6, 6000
백의 자리 숫자 1, 100
십의 자리 숫자 9, 90
일의 자리 숫자 7, 7

⇨ 6197=6000+100+90+7

17쪽 　단계 **1** 교과서 개념

1 (1) 3, 1, 5, 2　(2) 3152, 삼천백오십이
2 4725
3 7269
4 이천구백사십칠
5 오천팔백사십

---

1 (2) 1000이 3개 ⇨ 3000
100이 1개 ⇨ 100
10이 5개 ⇨ 50　3152
1이 2개 ⇨ 2　(삼천백오십이)

2 1000이 4개 ⇨ 4000
100이 7개 ⇨ 700
10이 2개 ⇨ 20　4725
1이 5개 ⇨ 5

3 1000이 7개 ⇨ 7000
100이 2개 ⇨ 200
10이 6개 ⇨ 60　7269
1이 9개 ⇨ 9

4 　2　9　4　7
이천 구백 사십 칠

5 　5　8　4　0
오천 팔백 사십

19쪽 　단계 **1** 교과서 개념

1 (위부터) 8, 7, 2, 5 ; 8000, 20 ; 8000,
700, 5
2 (위부터) 6, 1, 9, 7 ; 6000, 90 ; 100,
90, 7

20~21쪽 　단계 **2** 개념 집중 연습

1 1254
2 2168
3 6, 2, 7, 1
4 3, 9, 4, 5
5 8657
6 5073
7 삼천칠백이십일
8 사천백오십
9 육천이십칠
10 5000, 800, 20, 7
11 2000, 500, 40, 6
12 9000, 200, 60, 1
13 3000, 60
14 5000, 7
15 500, 3
16 700, 9
17 800, 2

---

1 천 모형 1개 ⇨ 1000
백 모형 2개 ⇨ 200
십 모형 5개 ⇨ 50　1254
일 모형 4개 ⇨ 4

2 천 모형 2개 ⇨ 2000
백 모형 1개 ⇨ 100
십 모형 6개 ⇨ 60　2168
일 모형 8개 ⇨ 8

3 6271은 1000이 6개, 100이 2개, 10이 7개, 1이 1개인 수입니다.

4 3945는 1000이 3개, 100이 9개, 10이 4개, 1이 5개인 수입니다.

> 참고 ▲■●♥는 1000이 ▲개, 100이 ■개, 10이 ●개, 1이 ♥개인 수입니다.

5
1000이 8개 ⇨ 8000 ┐
100이 6개 ⇨ 600 │
10이 5개 ⇨ 50 │ 8657
1이 7개 ⇨ 7 ┘

6
1000이 5개 ⇨ 5000 ┐
100이 0개 ⇨ 0 │
10이 7개 ⇨ 70 │ 5073
1이 3개 ⇨ 3 ┘

7 3 7 2 1
삼천 칠백 이십 일

8 4 1 5 0
사천 백 오십

9 6 0 2 7
육천 이십 칠

10 5 8 2 7
천의 자리 숫자, 5000
백의 자리 숫자, 800
십의 자리 숫자, 20
일의 자리 숫자, 7

11 2 5 4 6
천의 자리 숫자, 2000
백의 자리 숫자, 500
십의 자리 숫자, 40
일의 자리 숫자, 6

12 9 2 6 1
천의 자리 숫자, 9000
백의 자리 숫자, 200
십의 자리 숫자, 60
일의 자리 숫자, 1

13 3862에서
┌ 천의 자리 숫자 3, 3000
├ 백의 자리 숫자 8, 800
├ 십의 자리 숫자 6, 60
└ 일의 자리 숫자 2, 2
⇨ 3862＝3000＋800＋60＋2

14 5217에서
┌ 천의 자리 숫자 5, 5000
├ 백의 자리 숫자 2, 200
├ 십의 자리 숫자 1, 10
└ 일의 자리 숫자 7, 7
⇨ 5217＝5000＋200＋10＋7

15 6593에서
┌ 천의 자리 숫자 6, 6000
├ 백의 자리 숫자 5, 500
├ 십의 자리 숫자 9, 90
└ 일의 자리 숫자 3, 3
⇨ 6593＝6000＋500＋90＋3

16 5749에서
┌ 천의 자리 숫자 5, 5000
├ 백의 자리 숫자 7, 700
├ 십의 자리 숫자 4, 40
└ 일의 자리 숫자 9, 9
⇨ 5749＝5000＋700＋40＋9

17 4832에서
┌ 천의 자리 숫자 4, 4000
├ 백의 자리 숫자 8, 800
├ 십의 자리 숫자 3, 30
└ 일의 자리 숫자 2, 2
⇨ 4832＝4000＋800＋30＋2

23쪽 단계**1** 교과서 개념

1 4000, 6000, 7000, 8000
2 2900, 3900, 5900, 6900
3 5200, 5300, 5400, 5500
4 2930, 3030, 3130, 3230
5 2560, 2570, 2580
6 1448, 1458, 1468

---

1 1000씩 뛰어 세면 천의 자리 수가 1씩 커집니다.

2 1000씩 뛰어 세면 백, 십, 일의 자리 수는 변하지 않습니다.

3~4 100씩 뛰어 세면 백의 자리 수가 1씩 커집니다.

5~6 10씩 뛰어 세면 십의 자리 수가 1씩 커집니다.

25쪽 · 단계 1 교과서 개념

1 (1) (위부터) 3, 1 ; 5, 4   (2) <
2 >   **3** >   **4** >
5 <   **6** >   **7** <

1 (2) 7321과 7549는 천의 자리 수가 같으므로 백의 자리 수를 비교합니다.
⇨ 3<5이므로 7321<7549입니다.

2 천의 자리 수를 비교하면 5>4이므로 5942>4158입니다.

3 천의 자리 수를 비교하면 7>3이므로 7486>3259입니다.

4 천의 자리 수가 같으므로 백의 자리 수를 비교합니다.

5 천, 백의 자리 수가 각각 같으므로 십의 자리 수를 비교합니다.

6 천, 백의 자리 수가 각각 같으므로 십의 자리 수를 비교합니다.

7 천, 백, 십의 자리 수가 각각 같으므로 일의 자리 수를 비교합니다.

참고 네 자리 수의 크기 비교는 천의 자리부터 천, 백, 십, 일의 자리 수끼리 차례로 비교합니다.

26~27쪽 · 단계 2 개념 집중 연습

1 4547, 5547   **2** 7702, 8702
3 5443, 5543   **4** 6741, 6841
5 7456, 7466   **6** 4378, 4388
7 3526, 3527   **8** 8258, 8259
9 10씩   **10** 1000씩
11 1씩   **12** 100씩
13 <   **14** >
15 <   **16** <
17 <   **18** >
19 5849   **20** 7248

1~2 1000씩 뛰어 세면 천의 자리 수가 1씩 커집니다.

3~4 100씩 뛰어 세면 백의 자리 수가 1씩 커집니다.

5~6 10씩 뛰어 세면 십의 자리 수가 1씩 커집니다.

7~8 1씩 뛰어 세면 일의 자리 수가 1씩 커집니다.

9 십의 자리 수가 1씩 커지므로 10씩 뛰어 센 것입니다.

10 천의 자리 수가 1씩 커지므로 1000씩 뛰어 센 것입니다.

11 일의 자리 수가 1씩 커지므로 1씩 뛰어 센 것입니다.

12 백의 자리 수가 1씩 커지므로 100씩 뛰어 센 것입니다.

13 천 모형이 많을수록 더 큰 수입니다.
2314는 천 모형이 2개, 3126은 천 모형이 3개이므로 2314<3126입니다.

14 천 모형의 수가 같으면 백 모형이 많을수록 큰 수입니다. 3315는 백 모형이 3개, 3252는 백 모형이 2개이므로 3315>3252입니다.

15 천, 백 모형의 수가 각각 같으면 십 모형이 많을수록 큰 수입니다.
2147은 십 모형이 4개, 2163은 십 모형이 6개이므로 2147<2163입니다.

16 천의 자리 수를 비교하면 5<7이므로 5436<7150입니다.

17 천의 자리 수가 같으므로 백의 자리 수를 비교하면 2<5이므로 8246<8519입니다.

19 2487<5241<5849
(2<5, 2<8)

참고 천의 자리, 백의 자리, 십의 자리, 일의 자리 순서로 비교합니다.

20 7229<7243<7248
(2<4, 3<8)

28~31쪽 단계 **3** 익힘 문제 연습

1 1000
2 4000, 사천
3 6000, 육천
4 민혁
5 6245, 육천이백사십오
6 우빈
7 (1) 6, 2, 4, 3 (2) 5792
8 2040, 2013
9 3574에 ○표
10 (1) < (2) < (3) > (4) >
11 (1) 4380, 4580
　　(2) 5547, 6547, 7547
12 (1) 4000 (2) 40
13 4600
14 6500
15 1000, 100

1 수직선에서 오른쪽으로 갈수록 100씩 커지므로 900보다 100만큼 더 큰 수는 1000입니다.

2 1000이 4개이면 4000이라 쓰고, 4000은 사천이라고 읽습니다.

3 색종이는 1000장씩 6묶음이므로 6000이라 쓰고, 6000은 육천이라고 읽습니다.

4 해림: 100이 10개인 수 ⇨ 1000
　　윤정: 999보다 1만큼 더 큰 수 ⇨ 1000
　　민혁: 900보다 100만큼 더 작은 수 ⇨ 800

5 1000이 6개, 100이 2개, 10이 4개, 1이 5개인 수는 6245라 쓰고, 6245는 육천이백사십오라고 읽습니다.

6 　8　3　0　6
　　팔천 삼백　　육

　　주의 자리의 수가 '0'이면 그 자리값은 읽지 않습니다.
　　예 2409　이천사백구 (○)
　　　　　　이천사백영십구 (×)

7 (1) 6243은 1000이 6개, 100이 2개, 10이 4개, 1이 3개인 수입니다.
　　(2) 1000이 5개 ⇨ 5000 ⎤
　　　　100이 7개 ⇨ 700 ⎥
　　　　10이 9개 ⇨ 　90 ⎥ 5792
　　　　1이 2개 ⇨ 　　2 ⎦

8 천 모형의 수가 같고 백 모형은 없으므로 십 모형이 많을수록 큰 수입니다.
2013은 십 모형이 1개, 2040은 십 모형이 4개이므로 2040은 2013보다 큽니다.

9 숫자 7이 나타내는 수를 각각 알아봅니다.
7542 ⇨ 7000
5710 ⇨ 700
3574 ⇨ 70

10 (1) 4360 ⟨<⟩ 7246
　　　　└─4<7─┘
　　(2) 5482 ⟨<⟩ 5907
　　　　└─4<9─┘
　　(3) 6294 ⟨>⟩ 6204
　　　　└─9>0─┘
　　(4) 3027 ⟨>⟩ 3024
　　　　└─7>4─┘

11 (1) 백의 자리 수가 1씩 커지므로 100씩 뛰어 셉니다.
　　(2) 천의 자리 수가 1씩 커지므로 1000씩 뛰어 셉니다.

12 (1) 4983에서 숫자 4는 천의 자리 숫자이므로 4000을 나타냅니다.
　　(2) 8142에서 숫자 4는 십의 자리 숫자이므로 40을 나타냅니다.

13 수 배열표에서 오른쪽으로 한 칸 갈 때마다 100씩 커지므로 ▲에 들어갈 수는 4600입니다.

14 수 배열표에서 아래로 한 칸 갈 때마다 1000씩 커지므로 ★에 들어갈 수는 6500입니다.

15 ↓는 천의 자리 수가 1씩 커지므로 1000씩 뛰어 센 것입니다.
→는 백의 자리 수가 1씩 커지므로 100씩 뛰어 센 것입니다.

1 1000	**2** 5, 5000
3 칠천	**4** 7346
5 2, 3, 0, 4	
6 5378, 오천삼백칠십팔	
7 8000, 5, 50	**8** 5270원
9 8000	**10** ②
11 >	**12** <
13 200원	
14 7239, 8239, 9239	
15 6462, 6472, 6482	
16 5218	
17 6942에 ○표, 8256에 △표	
18 4700, 5500	**19** 1000, 100
20 8641	

1 수직선에서 오른쪽으로 갈수록 10씩 커지므로 990보다 10만큼 더 큰 수는 1000입니다.

4 1000이 7개 ⇨ 7000 ┐
　　100이 3개 ⇨ 　300 │
　　10이 4개 ⇨ 　　40 ├ 7346
　　1이 6개 ⇨ 　　　6 ┘

5 2304는 1000이 2개, 100이 3개, 10이 0개, 1이 4개인 수입니다.

6 1000이 5개 ⇨ 5000 ┐
　　100이 3개 ⇨ 　300 │ 5378
　　10이 7개 ⇨ 　　70 │ (오천삼백칠십팔)
　　1이 8개 ⇨ 　　　8 ┘

7 8354
　　→ 천의 자리 숫자, 8000
　　→ 십의 자리 숫자, 50

8 1000원짜리 지폐: 5장 → 5000원,
　　100원짜리 동전: 2개 → 200원,
　　10원짜리 동전: 7개 → 70원
　　⇨ 5270원

9 8571
　　→ 천의 자리 숫자, 8000

10 숫자 7이 나타내는 수를 알아보면
　　① 7　② 700　③ 7　④ 7000　⑤ 70
　　입니다.

11 천, 백의 자리 수가 각각 같으므로 십의 자리 수를 비교합니다.

12 천의 자리 수가 같으므로 백의 자리 수를 비교합니다.

13 1000은 100이 10개인 수이므로 1000원이 되려면 100원짜리 동전 10개를 묶습니다. 100원짜리 동전 12개 중 10개를 묶으면 2개가 남으므로 200원이 남습니다.

14 천의 자리 수가 1씩 커지므로 1000씩 뛰어 셉니다.

15 십의 자리 수가 1씩 커지므로 10씩 뛰어 셉니다.

16 　　　┌5<7┐
　　5218<5247<7120
　　　└1<4┘

17 5264 ⇨ 60, 3625 ⇨ 600,
　　6942 ⇨ 6000, 8256 ⇨ 6

18 수 배열표에서 오른쪽으로 한 칸 갈 때마다 100씩 커지고 아래로 한 칸 갈 때마다 1000씩 커집니다.
　　4600보다 100만큼 더 큰 수는 4700이므로 ▲는 4700이고, 5400보다 100만큼 더 큰 수는 5500이므로 ★은 5500입니다.

19 ↓는 천의 자리 수가 1씩 커지므로 1000씩 뛰어 센 것입니다.
　　➡는 백의 자리 수가 1씩 커지므로 100씩 뛰어 센 것입니다.

20 백의 자리 숫자가 6인 네 자리 수는 □6□□ 입니다. 가장 큰 수를 만들려면 천, 십, 일의 자리 순서로 큰 수를 놓아야 하므로 가장 큰 수는 8641입니다.

1 (1) 10　(2) 10　(3) 천　(4) 6000, 육천
　(5) ⑩⑩ ⑩⑩ ⑩⑩ ⑩⑩ ⑩⑩
　　　⑩⑩ ⑩⑩ ⑩⑩ ⑩⑩ ⑩⑩

2 (1) 5, 2, 0, 7　(2) 오천이백칠
　(3) 5000, 200　(4) 5, 2, 0, 7

❷ 곱셈구구

학부모 지도 가이드 실생활에서 묶음으로 되어 있거나 물건의 개수를 셀 때 곱셈을 사용합니다.
이 단원에서는 곱셈구구의 원리를 이해하여 2단에서 9단까지의 곱셈구구표를 만들어 보고, 1단 곱셈구구와 0과 어떤 수의 곱을 알아봅니다.
곱셈구구를 활용하여 실생활에서 곱셈을 적용하여 문제를 해결해 봅니다.

39쪽 　단계 1 교과서 개념

1 6, 8, 10 ; 2
2 4, 6, 8, 12, 14, 18
3 3, 6
4 5, 10

1 그림을 보고 2단 곱셈구구를 구해 보면 곱하는 수가 1씩 커지면 곱은 2씩 커집니다.
2 곱하는 수가 1씩 커지면 곱은 2씩 커지도록 2단 곱셈구구를 완성합니다.
3 빵이 2개씩 3묶음이므로 $2×3=6$입니다.
4 빵이 2개씩 5묶음이므로 $2×5=10$입니다.

41쪽 　단계 1 교과서 개념

1 20, 25, 30
2 10, 15, 20, 30, 35, 40, 45
3 3, 15
4 7, 35

1 그림을 보고 5단 곱셈구구를 구해 봅니다.
2 곱하는 수가 1씩 커지면 곱은 5씩 커지도록 5단 곱셈구구를 완성합니다.
3 5개씩 3상자이므로 $5×3=15$입니다.
4 5개씩 7상자이므로 $5×7=35$입니다.

42~43쪽 　단계 2 개념 집중 연습

1 4	2 10
3 14	4 18
5 4, 6, 8, 12, 14, 16, 18	
6 4, 8	7 8, 16
8 3, 6	9 6, 12
10 10	11 15
12 35	13 40
14 15, 20, 25, 30, 35, 40, 45	
15 6, 30	16 4, 20
17 9, 45	18 5, 25

1~4 2단 곱셈구구를 이용하여 곱을 구합니다.
5 2단 곱셈구구에서 곱하는 수가 1씩 커지면 곱은 2씩 커집니다.
6 사과가 2개씩 4접시이므로 $2×4=8$입니다.
7 구슬이 2개씩 8묶음이므로 $2×8=16$입니다.
8 바나나가 2개씩 3묶음이므로 $2×3=6$입니다.
9 풍선이 2개씩 6묶음이므로 $2×6=12$입니다.
10~13 5단 곱셈구구를 이용하여 곱을 구합니다.
14 5단 곱셈구구에서 곱하는 수가 1씩 커지면 곱은 5씩 커집니다.
15 구슬이 5개씩 6묶음이므로 $5×6=30$입니다.
16 사탕이 5개씩 4봉지이므로 $5×4=20$입니다.
17 딸기가 5개씩 9접시이므로 $5×9=45$입니다.
18 통조림이 5개씩 5묶음이므로 $5×5=25$입니다.

45쪽 　단계 1 교과서 개념

1 9, 12, 15
2 3, 9, 12, 15, 18, 24, 27
3 4, 12
4 7, 21

1 그림을 보고 3단 곱셈구구를 구해 봅니다.
2 곱하는 수가 1씩 커지면 곱은 3씩 커지도록 3단 곱셈구구를 완성합니다.
3 사탕이 3개씩 4봉지이므로 $3×4=12$입니다.
4 사탕이 3개씩 7봉지이므로 $3×7=21$입니다.

47쪽 단계 **1** 교과서 개념

1 (1) 12 (2) 24 (3) 36 (4) 54
2 12, 18, 24, 30, 42, 48, 54
3 3, 18   **4** 5, 30

1 6단 곱셈구구를 이용하여 곱을 구합니다.
2 곱하는 수가 1씩 커지면 곱은 6씩 커지도록 6단 곱셈구구를 완성합니다.
3 초콜릿이 6개씩 3상자이므로 6×3=18입니다.
4 초콜릿이 6개씩 5상자이므로 6×5=30입니다.

48~49쪽 단계 **2** 개념 집중 연습

1 6   **2** 12
3 24   **4** 27
5 9, 12, 15, 21, 24, 27
6 5, 15   **7** 6, 18
8 3, 9   **9** 7, 21
10 18   **11** 30
12 42   **13** 54
14 12, 18, 24, 30, 36, 42, 54
15 4, 24   **16** 6, 36
17 2, 12   **18** 8, 48

1~4 3단 곱셈구구를 이용하여 곱을 구합니다.
5 3단 곱셈구구에서 곱하는 수가 1씩 커지면 곱은 3씩 커집니다.
6 귤이 3개씩 5접시이므로 3×5=15입니다.
7 구슬이 3개씩 6묶음이므로 3×6=18입니다.
8 과자가 3개씩 3봉지이므로 3×3=9입니다.
9 연결 모형이 3개씩 7묶음이므로 3×7=21입니다.
10~13 6단 곱셈구구를 이용하여 곱을 구합니다.
14 6단 곱셈구구에서 곱하는 수가 1씩 커지면 곱은 6씩 커집니다.
15 도넛이 6개씩 4상자이므로 6×4=24입니다.
16 리본이 6개씩 6묶음이므로 6×6=36입니다.

17 케이크가 6개씩 2접시이므로 6×2=12입니다.
18 구슬이 6개씩 8묶음이므로 6×8=48입니다.

51쪽 단계 **1** 교과서 개념

1 12, 16, 20
2 8, 12, 16, 20, 28, 32, 36
3 3, 12   **4** 8, 32

1 그림을 보고 4단 곱셈구구를 구해 봅니다.
2 곱하는 수가 1씩 커지면 곱은 4씩 커지도록 4단 곱셈구구를 완성합니다.
3 4장씩 3마리이므로 4×3=12입니다.
4 4장씩 8마리이므로 4×8=32입니다.

53쪽 단계 **1** 교과서 개념

1 (1) 24 (2) 48 (3) 56 (4) 72
2 16, 24, 32, 48, 56, 64, 72
3 4, 32   **4** 5, 40

1 8단 곱셈구구를 이용하여 곱을 구합니다.
2 곱하는 수가 1씩 커지면 곱은 8씩 커지도록 8단 곱셈구구를 완성합니다.
3 빵이 8개씩 4묶음이므로 8×4=32입니다.
4 빵이 8개씩 5묶음이므로 8×5=40입니다.

54~55쪽 단계 **2** 개념 집중 연습

1 12   **2** 20
3 28   **4** 36
5 8, 12, 16, 20, 28, 32, 36
6 2, 8   **7** 4, 16
8 8, 32   **9** 6, 24
10 16   **11** 32
12 56   **13** 64
14 16, 24, 32, 48, 56, 64, 72
15 3, 24   **16** 6, 48
17 5, 40   **18** 9, 72

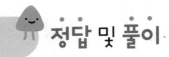

1~4 4단 곱셈구구를 이용하여 곱을 구합니다.

5 4단 곱셈구구에서 곱하는 수가 1씩 커지면 곱은 4씩 커집니다.

6 곰 인형이 4개씩 2묶음이므로 4×2=8입니다.

7 사탕이 4개씩 4묶음이므로 4×4=16입니다.

8 감이 4개씩 8접시이므로 4×8=32입니다.

9 요구르트가 4개씩 6묶음이므로 4×6=24입니다.

10~13 8단 곱셈구구를 이용하여 곱을 구합니다.

14 8단 곱셈구구에서 곱하는 수가 1씩 커지면 곱은 8씩 커집니다.

15 로봇이 8개씩 3묶음이므로 8×3=24입니다.

16 과자가 8개씩 6상자이므로 8×6=48입니다.

17 사탕이 8개씩 5봉지이므로 8×5=40입니다.

18 구슬이 8개씩 9묶음이므로 8×9=72입니다.

57쪽 단계 **1** 교과서 개념

1 14, 21, 28
2 14, 21, 28, 35, 49, 56, 63
3 4, 28 　　　　**4** 6, 42

1 그림을 보고 7단 곱셈구구를 구해 봅니다.

2 곱하는 수가 1씩 커지면 곱은 7씩 커지도록 7단 곱셈구구를 완성합니다.

3 7송이씩 4다발이므로 7×4=28입니다.

4 7송이씩 6다발이므로 7×6=42입니다.

59쪽 단계 **1** 교과서 개념

1 (1) 18 (2) 45 (3) 63 (4) 81
2 9, 18, 27, 36, 45, 63, 72, 81
3 4, 36 　　　　**4** 6, 54

1 9단 곱셈구구를 이용하여 곱을 구합니다.

2 곱하는 수가 1씩 커지면 곱은 9씩 커지도록 9단 곱셈구구를 완성합니다.

3 구슬이 9개씩 4묶음이므로 9×4=36입니다.

4 구슬이 9개씩 6묶음이므로 9×6=54입니다.

60~61쪽 단계 **2** 개념 집중 연습

1 21 　　　　　　　**2** 35
3 42 　　　　　　　**4** 63
5 21, 28, 35, 49, 56, 63
6 4, 28 　　　　　　**7** 2, 14
8 8, 56 　　　　　　**9** 7, 49
10 18 　　　　　　　**11** 36
12 54 　　　　　　　**13** 63
14 18, 27, 36, 54, 63, 72, 81
15 3, 27 　　　　　　**16** 9, 81
17 8, 72 　　　　　　**18** 5, 45

1~4 7단 곱셈구구를 이용하여 곱을 구합니다.

5 7단 곱셈구구에서 곱하는 수가 1씩 커지면 곱은 7씩 커집니다.

6 구슬이 7개씩 4묶음이므로 7×4=28입니다.

7 우유가 7개씩 2묶음이므로 7×2=14입니다.

8 연필이 7자루씩 8묶음이므로 7×8=56입니다.

9 통조림이 7개씩 7묶음이므로 7×7=49입니다.

10~13 9단 곱셈구구를 이용하여 곱을 구합니다.

14 9단 곱셈구구에서 곱하는 수가 1씩 커지면 곱은 9씩 커집니다.

15 딱지가 9개씩 3묶음이므로 9×3=27입니다.

16 연결 모형이 9개씩 9묶음이므로 9×9=81입니다.

17 구슬이 9개씩 8묶음이므로 9×8=72입니다.

18 딸기가 9개씩 5접시이므로 9×5=45입니다.

63쪽 단계 **1** 교과서 개념

1 (1) 6 (2) 8 (3) 2 (4) 0 (5) 0 (6) 0
2 7, 7 　　　　　　　**3** 4, 0

1 (1)~(3) 1과 어떤 수의 곱은 항상 어떤 수입니다.
　　(4) 0과 어떤 수의 곱은 항상 0입니다.
　　(5)~(6) 어떤 수와 0의 곱은 항상 0입니다.

참고 • 1×(어떤 수)=(어떤 수)
• 0×(어떤 수)=0, (어떤 수)×0=0

2 사과가 1개씩 7접시이므로 1×7=7입니다.

3 물고기가 0마리씩 어항 4개이므로 0×4=0
입니다.

65쪽   단계 **1** 교과서 개념

1

×	1	2	3	4	5	6	7	8	9
1	1	2	3	4	5	6	7	8	9
2	2	4	6	8	10	12	14	16	18
3	3	6	9	12	15	18	21	24	27
4	4	8	12	16	20	24	28	32	36
5	5	10	15	20	25	30	35	40	45
6	6	12	18	24	30	36	42	48	54
7	7	14	21	28	35	42	49	56	63
8	8	16	24	32	40	48	56	64	72
9	9	18	27	36	45	54	63	72	81

2 5씩

3

×	1	2	3	4	5	6	7	8	9
1	1	2	3	4	5	6	7	8	9
2	2	4	6	8	10	12	14	16	18
3	3	6	9	12	15	18	21	24	27
4	4	8	12	16	20	24	28	32	36
5	5	10	15	20	25	30	35	40	45
6	6	12	18	24	30	36	42	48	54
7	7	14	21	28	35	42	49	56	63
8	8	16	24	32	40	48	56	64	72
9	9	18	27	36	45	54	63	72	81

4 7, 28 ; 28 ; 28

2 5×1=5, 5×2=10, 5×3=15, ...이므
로 5단 곱셈구구에서 곱하는 수가 1씩 커지
면 그 곱은 5씩 커집니다.

4 4×7=28이고 7×4=28입니다.
⇨ 두 곱은 28로 같습니다.

67쪽   단계 **1** 교과서 개념

1 8, 32   **2** 6, 5, 30
3 3, 7, 21

1 4개씩 8접시이므로 4×8=32입니다.

2 6자루씩 5개이므로 6×5=30입니다.

3 3명씩 앉을 수 있는 의자가 7개이므로
3×7=21입니다.

68~69쪽   단계 **2** 개념 집중 연습

1 4   **2** 0   **3** 0
4 9   **5** 0   **6** 0
7 5, 5   **8** 4, 0

9

×	2	3	4
3	6	9	12
4	8	12	16
5	10	15	20

10

×	1	3	5	7
2	2	6	10	14
4	4	12	20	28
6	6	18	30	42
8	8	24	40	56

11

×	1	2	3	4	5	6
1	1	2	3	4	5	6
2	2	4	6	8	10	12
3	3	6	9	12	15	18
4	4	8	12	16	20	24
5	5	10	15	20	25	30
6	6	12	18	24	30	36

12 4   **13** 5, 4   **14** 3, 5
15 5, 30   **16** 3, 7, 21   **17** 4, 4, 16

1 1×(어떤 수)=(어떤 수)

2 (어떤 수)×0=0

5 0×(어떤 수)=0

7 감이 I개씩 5접시이므로 I×5=5입니다.

8 꽃이 0송이씩 화분 4개이므로 0×4=0입니다.

9 3×3=9, 3×4=12,
4×2=8, 4×4=16,
5×2=10, 5×3=15

10 2×1=2, 2×5=10, 2×7=14,
4×3=12, 4×5=20,
6×1=6, 6×5=30, 6×7=42,
8×3=24, 8×5=40

11 I~6단 곱셈구구를 이용하여 곱셈표를 완성합니다.

12 4×1=4, 4×2=8, 4×3=12, ...이므로 4단 곱셈구구에서 곱하는 수가 I씩 커지면 그 곱은 4씩 커집니다.

13 곱셈표에서 4×5와 곱이 같은 곱셈구구는 5×4입니다.

14 곱셈표에서 5×3과 곱이 같은 곱셈구구는 3×5입니다.

15 6개씩 5봉지이므로 6×5=30입니다.

16 3개씩 7대이므로 3×7=21입니다.

17 4개씩 4묶음이므로 4×4=16입니다.

70~73쪽 단계 3 익힘 문제 연습

1 7, 42　　**2** 4, 28　　**3** 6, 54

4 예 ; 4, 20

5 12, 16, 20　　**6**

7 2 ; 4, 4 ; 9, 9　　**8** 8, 5, 40

9 (1) 0　(2) 0　(3) 0　(4) 0

10 (위부터) 4, 12, 24, 32 ; 8, 24, 48, 64

11 5, 25 ; 6, 30 ; 7, 35

12 (1) 9 ;

(2) 12 ;

13 (1) 42　(2) 8

14 (1)

×	3	5	7
2	6	10	14
3	9	15	21
4	12	20	28

(2)

×	2	4	7
4	8	16	28
7	14	28	49
9	18	36	63

15 45개

16 30명

1 초콜릿이 6개씩 7상자이므로 6×7=42입니다.

2 사과가 7개씩 4접시이므로 7×4=28입니다.

3 구슬이 9개씩 6묶음이므로 9×6=54입니다.

4 딱지를 5개씩 묶으면 4묶음이므로 5×4=20입니다.

5 4단 곱셈구구에서 곱하는 수가 I씩 커지면 그 곱은 4씩 커집니다.

6 2×6=12, 2×9=18, 2×7=14

7 I과 어떤 수의 곱은 항상 어떤 수입니다.

8 8씩 5번이므로 8×5=40입니다.

참고 8씩 ▲번 ⇨ 8×▲

9 0×(어떤 수)=0, (어떤 수)×0=0입니다.

10 4×1=4, 4×3=12, 4×6=24,
4×8=32
8×1=8, 8×3=24, 8×6=48,
8×8=64

11 5장씩 5송이면 5×5=25, 5장씩 6송이면 5×6=30, 5장씩 7송이면 5×7=35입니다.

12 (1) 3씩 3번 뛰어 센 것이므로 3×3=9입니다.
(2) 3씩 4번 뛰어 센 것이므로 3×4=12입니다.

13 (1) 7×6=42
(2) 곱이 56인 7단 곱셈구구는 7×8=56입니다.

14 (1) 2×3=6, 2×7=14, 3×3=9,
3×7=21, 4×3=12, 4×5=20
(2) 4×2=8, 4×4=16, 7×4=28,
7×7=49, 9×2=18, 9×7=63

15 사탕이 9개씩 5접시이므로 9×5=45입니다.

16 5명씩 6팀이므로 5×6=30입니다.

1 16
2 30
3 7, 4
4 0, 0
5 5, 15
6 6, 42
7 5, 40
8 예 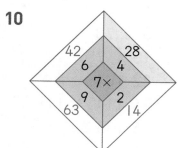 ; 3, 21

9

10

	42		28	
6		4	
	7×	
9		2	
63			14

11

×	7	8	9
3	21	24	27
4	28	32	36
5	35	40	45

12 ⊗

	6	4	24
	7	8	56
	42	32	

13 <

14

×	1	2	3	4	5	6	7
1	1	2	3	4	5	6	7
2	2	4	6	8	10	12	14
3	3	6	9	12	15	18	21
4	4	8	12	16	20	24	28
5	5	10	15	20	25	30	35
6	6	12	18	24	30	36	42
7	7	14	21	28	35	42	49

15 7씩
16 6, 5
17 5×7, 7×5
18 0, 3, 2, 6 ; 11점
19 21마리
20 54개

1 야구공이 4개씩 4묶음이므로 4×4=16입니다.

2 복숭아가 5개씩 6바구니이므로
5×6=30입니다.

3 1과 어떤 수의 곱은 항상 어떤 수입니다.

4 0×(어떤 수)=0, (어떤 수)×0=0

5 3씩 5번이므로 3×5=15입니다.

6 7씩 6번이므로 7×6=42입니다.

7 8개씩 5묶음 ⇨ 8×5=40

8 7개씩 3묶음이므로 7×3=21입니다.

9 4×4=16, 4×8=32, 4×5=20

10 7단 곱셈구구를 이용하여 곱을 구합니다.
7×2=14, 7×9=63, 7×6=42

11 3×7=21, 3×8=24,
4×7=28, 4×9=36,
5×8=40, 5×9=45

12 6×4=24, 7×8=56, 6×7=42,
4×8=32

13 9×7=63 ⓒ 8×8=64

15 7단 곱셈구구에서 곱하는 수가 1씩 커지면 그
곱은 7씩 커집니다.

16 곱셈표에서 5×6과 곱이 같은 곱셈구구는
6×5입니다.

17 곱셈표에서 곱이 35인 곱셈구구를 찾으면
5×7, 7×5입니다.

18 은주가 얻은 점수는 모두
0+3+2+6=11(점)입니다.

19 3마리씩 어항 7개이므로 3×7=21(마리)입니다.

20 9개씩 6바구니이므로 9×6=54(개)입니다.

1 ○
2 ×
3 ○
4 ×
5 ○
6 ○
7 ○
8 ×

❸ 길이 재기

81쪽   단계 1 교과서 개념

1 (1) 40   (2) 1, 40   **2** 1
3 200   **4** 100, 60, 1, 60
5 400, 20, 420

1 (1) 1 m가 100 cm이므로 140 cm는 1 m 보다 40 cm 더 깁니다.
  (2) 리본의 길이는 1 m보다 40 cm 더 길므로 1 m 40 cm입니다.
2 100 cm=1 m입니다.
3 1 m=100 cm이므로 2 m=200 cm입니다.
4 100 cm=1 m임을 이용합니다.
5 4 m=400 cm임을 이용합니다.
    4 m 20 cm=400 cm+20 cm
             =420 cm

참고 cm에서 백의 자리는 m로, 나머지는 cm로 나타냅니다.

83쪽   단계 1 교과서 개념

1 110, 1, 10   **2** 101 ; 107, 1, 7
3 113 ; 1, 18

1 자의 눈금이 110이므로 식탁의 긴 쪽의 길이는 110 cm입니다.
   ⇨ 110 cm=100 cm+10 cm
            =1 m 10 cm

2 • 자의 눈금이 101이면 101 cm입니다.
  • 자의 눈금이 107이면 107 cm입니다.
   ⇨ 107 cm=1 m 7 cm
3 • 자의 눈금이 113이면 113 cm입니다.
  • 자의 눈금이 118이면 118 cm입니다.
   ⇨ 118 cm=1 m 18 cm

84~85쪽   단계 2 개념 집중 연습

1 1, 50   **2** 200, 270
3 2미터 7센티미터   **4** 4미터 51센티미터
5 300   **6** 700
7 474   **8** 2, 73
9 309   **10** 4, 7
11 632   **12** 104, 1, 4
13 108, 1, 8   **14** 111, 1, 11
15 143, 1, 43   **16** 1 m 20 cm
17 1 m 45 cm   **18** 1 m 32 cm

1 100 cm=1 m임을 이용합니다.
   150 cm=100 cm+50 cm
            =1 m 50 cm
2 2 m=200 cm임을 이용합니다.
   2 m 70 cm=200 cm+70 cm
                =270 cm
3~4 ▲ m ● cm ⇨ ▲미터 ●센티미터
5~6 ▲ m=▲00 cm
7 4 m 74 cm=400 cm+74 cm
              =474 cm
8 273 cm=200 cm+73 cm
           =2 m 73 cm
9 3 m 9 cm=300 cm+9 cm
            =309 cm
10 407 cm=400 cm+7 cm
           =4 m 7 cm
11 6 m 32 cm=600 cm+32 cm
              =632 cm
12 자의 눈금이 104이므로 104 cm입니다.
   ⇨ 104 cm=1 m 4 cm

13 자의 눈금이 108이므로 108 cm입니다.
⇨ 108 cm=1 m 8 cm

14 자의 눈금이 111이므로 111 cm입니다.
⇨ 111 cm=1 m 11 cm

15 자의 눈금이 143이므로 143 cm입니다.
⇨ 143 cm=1 m 43 cm

16 눈금이 120이므로 책꽂이의 길이는 120 cm 입니다.
⇨ 120 cm=1 m 20 cm

17 눈금이 145이므로 어항의 길이는 145 cm 입니다.
⇨ 145 cm=1 m 45 cm

18 눈금이 132이므로 창문의 길이는 132 cm 입니다.
⇨ 132 cm=1 m 32 cm

87쪽   단계**1** 교과서 개념

1 (1) 60 (2) 3 (3) 3, 60
2 5, 64   **3** 7, 83
4 7, 57   **5** 5, 56

1 m는 m끼리, cm는 cm끼리 더합니다.

2 m는 m끼리, cm는 cm끼리 더합니다.
$$\begin{array}{r} 1\ \text{m}\ 41\ \text{cm} \\ +\ 4\ \text{m}\ 23\ \text{cm} \\ \hline 5\ \text{m}\ 64\ \text{cm} \end{array}$$

3 m는 m끼리, cm는 cm끼리 더합니다.
$$\begin{array}{r} 3\ \text{m}\ 64\ \text{cm} \\ +\ 4\ \text{m}\ 19\ \text{cm} \\ \hline 7\ \text{m}\ 83\ \text{cm} \end{array}$$

4 5 m 32 cm+2 m 25 cm
=(5 m+2 m)+(32 cm+25 cm)
=7 m 57 cm

5 2 m 11 cm+3 m 45 cm
=(2 m+3 m)+(11 cm+45 cm)
=5 m 56 cm

참고 길이의 합은 m는 m끼리, cm는 cm끼리 더합니다.

89쪽   단계**1** 교과서 개념

1 (1) 30 (2) 1 (3) 1, 30
2 2, 30   **3** 3, 27
4 1, 21   **5** 2, 12

1 m는 m끼리, cm는 cm끼리 뺍니다.

2 m는 m끼리, cm는 cm끼리 뺍니다.
$$\begin{array}{r} 4\ \text{m}\ 76\ \text{cm} \\ -\ 2\ \text{m}\ 46\ \text{cm} \\ \hline 2\ \text{m}\ 30\ \text{cm} \end{array}$$

3 m는 m끼리, cm는 cm끼리 뺍니다.
$$\begin{array}{r} 9\ \text{m}\ 65\ \text{cm} \\ -\ 6\ \text{m}\ 38\ \text{cm} \\ \hline 3\ \text{m}\ 27\ \text{cm} \end{array}$$

4 4 m 76 cm−3 m 55 cm
=(4 m−3 m)+(76 cm−55 cm)
=1 m 21 cm

5 7 m 48 cm−5 m 36 cm
=(7 m−5 m)+(48 cm−36 cm)
=2 m 12 cm

참고 길이의 차는 m는 m끼리, cm는 cm끼리 뺍니다.

90~91쪽   단계**2** 개념 집중 연습

1 2, 50   **2** 2, 80
3 6, 70   **4** 4, 95
5 4, 59   **6** 5, 81
7 8, 82   **8** 8, 88
9 8, 72   **10** 7, 91
11 1, 40   **12** 60
13 5, 10   **14** 3, 45
15 2, 30   **16** 8, 37
17 4, 7   **18** 3, 45
19 4, 29   **20** 2, 7

1 1 m 10 cm+1 m 40 cm
=(1 m+1 m)+(10 cm+40 cm)
=2 m 50 cm

2 1 m 50 cm+1 m 30 cm
=(1 m+1 m)+(50 cm+30 cm)
=2 m 80 cm

3 m는 m끼리, cm는 cm끼리 더합니다.
$$\begin{array}{r} 4\ \text{m}\ \ 20\ \text{cm} \\ +\ 2\ \text{m}\ \ 50\ \text{cm} \\ \hline 6\ \text{m}\ \ 70\ \text{cm} \end{array}$$

4
$$\begin{array}{r} 3\ \text{m}\ \ 60\ \text{cm} \\ +\ 1\ \text{m}\ \ 35\ \text{cm} \\ \hline 4\ \text{m}\ \ 95\ \text{cm} \end{array}$$

5
$$\begin{array}{r} 1\ \text{m}\ \ 34\ \text{cm} \\ +\ 3\ \text{m}\ \ 25\ \text{cm} \\ \hline 4\ \text{m}\ \ 59\ \text{cm} \end{array}$$

6
$$\begin{array}{r} 2\ \text{m}\ \ 52\ \text{cm} \\ +\ 3\ \text{m}\ \ 29\ \text{cm} \\ \hline 5\ \text{m}\ \ 81\ \text{cm} \end{array}$$

7
$$\begin{array}{r} 4\ \text{m}\ \ 45\ \text{cm} \\ +\ 4\ \text{m}\ \ 37\ \text{cm} \\ \hline 8\ \text{m}\ \ 82\ \text{cm} \end{array}$$

8
$$\begin{array}{r} 6\ \text{m}\ \ 70\ \text{cm} \\ +\ 2\ \text{m}\ \ 18\ \text{cm} \\ \hline 8\ \text{m}\ \ 88\ \text{cm} \end{array}$$

9 5 m 16 cm+3 m 56 cm
=(5 m+3 m)+(16 cm+56 cm)
=8 m 72 cm

10 2 m 64 cm+5 m 27 cm
=(2 m+5 m)+(64 cm+27 cm)
=7 m 91 cm

11 2 m 60 cm−1 m 20 cm
=(2 m−1 m)+(60 cm−20 cm)
=1 m 40 cm

12 2 m 90 cm−2 m 30 cm
=(2 m−2 m)+(90 cm−30 cm)
=60 cm

13 m는 m끼리, cm는 cm끼리 뺍니다.
$$\begin{array}{r} 7\ \text{m}\ \ 50\ \text{cm} \\ -\ 2\ \text{m}\ \ 40\ \text{cm} \\ \hline 5\ \text{m}\ \ 10\ \text{cm} \end{array}$$

14
$$\begin{array}{r} 6\ \text{m}\ \ 60\ \text{cm} \\ -\ 3\ \text{m}\ \ 15\ \text{cm} \\ \hline 3\ \text{m}\ \ 45\ \text{cm} \end{array}$$

15
$$\begin{array}{r} 3\ \text{m}\ \ 80\ \text{cm} \\ -\ 1\ \text{m}\ \ 50\ \text{cm} \\ \hline 2\ \text{m}\ \ 30\ \text{cm} \end{array}$$

16
$$\begin{array}{r} 10\ \text{m}\ \ 76\ \text{cm} \\ -\ \ 2\ \text{m}\ \ 39\ \text{cm} \\ \hline 8\ \text{m}\ \ 37\ \text{cm} \end{array}$$

17
$$\begin{array}{r} 5\ \text{m}\ \ 52\ \text{cm} \\ -\ 1\ \text{m}\ \ 45\ \text{cm} \\ \hline 4\ \text{m}\ \ \ 7\ \text{cm} \end{array}$$

18 4 m 65 cm−1 m 20 cm
=(4 m−1 m)+(65 cm−20 cm)
=3 m 45 cm

19 12 m 45 cm−8 m 16 cm
=(12 m−8 m)+(45 cm−16 cm)
=4 m 29 cm

20 4 m 92 cm−2 m 85 cm
=(4 m−2 m)+(92 cm−85 cm)
=2 m 7 cm

93쪽   단계 **1** 교과서 개념

1 3 m
2 (1) 2 m   (2) 3 m

1 나무의 높이는 약 1 m인 은주의 키의 3배이
므로 약 3 m입니다.
2 (1) 두 걸음이 약 1 m이므로 4걸음은 약 2 m
입니다.
(2) 양팔을 벌린 길이가 약 1 m이므로 3번은
약 3 m입니다.

95쪽   단계 **1** 교과서 개념

1 10   **2** 14
3 (1) 6   (2) 6

1 끈의 길이는 | m로 약 | 0번이므로 약 | 0 m
입니다.

2 끈의 길이는 | m로 약 | 4번이므로 약 | 4 m
입니다.

3 (2) 교실 칠판의 긴 쪽의 길이는 | m로 약 6번
이므로 약 6 m입니다.

96~97쪽 단계 **2** 개념 **집중 연습**

1 2	**2** 4
3 3	**4** 2 m
5 3 m	**6** 2 m
7 9 m	**8** 6 m
9	5 m	**10**	35 cm
11 5 m	**12**	00 m
13 500 cm	**14** 5 m

1 가로등의 높이는 약 | m인 키의 2배이므로
약 2 m입니다.

2 사물함의 길이는 약 | m인 양팔을 벌린 길이
의 4배이므로 약 4 m입니다.

3 건물의 높이는 약 | m인 키의 3배이므로
약 3 m입니다.

4 양팔을 벌린 길이로 | 번이 약 | m이므로
2번은 약 2 m입니다.

5 두 걸음이 약 | m이므로 6걸음은 약 3 m입
니다.

6 6뼘이 약 | m이므로 | 2뼘은 약 2 m입니다.

7 3 m로 약 3번이므로
약 3 m+3 m+3 m=9 m입니다.

8 3 m로 약 2번이므로
약 3 m+3 m=6 m입니다.

9 3 m로 약 5번이므로
약 3 m+3 m+3 m+3 m+3 m=| 5 m
입니다.

13 약 50 cm로 | 0걸음이면 약 500 cm입니다.

14 500 cm=5 m이므로 교실의 긴 쪽의 길이
는 약 5 m입니다.

98~101쪽 단계 **3** 익힘 **문제 연습**

1 5미터 27센티미터	
2 (1) 4 (2) 254 (3) 3, 21	
3	02 ; 1, 6	
4	50, 1, 50	
5	2 m	
6 (1) m (2) cm (3) m	
7 ㉠, ㉣	
8 (1)	40 cm (2)	00 m (3)	0 m	
9 (1) 7, 63 (2) 2, 31	
10 4 m	
11 타루, 강길, 강희	
12 2 m 50 cm	
13 2 m 58 cm	

1 m는 미터, cm는 센티미터라고 읽습니다.

2 (1) | 00 cm=| m이므로 400 cm=4 m입
니다.

(2) 2 m 54 cm=200 cm+54 cm
 =254 cm

(3) 321 cm=300 cm+21 cm
 =3 m 21 cm

3 • 자의 눈금이 | 02이면 | 02 cm입니다.

• 자의 눈금이 | 06이면 | 06 cm입니다.
 ⇨ | 06 cm=| m 6 cm

4 줄넘기 줄의 한끝이 줄자의 눈금 0에 맞춰져
있고 다른 쪽 끝에 있는 줄자의 눈금이 | 50
이므로 | 50 cm=| m 50 cm입니다.

참고 줄넘기 줄의 한끝이 줄자의 눈금 0에 맞춰
져 있으므로 다른 쪽 끝에 있는 줄자의 눈금을 읽
습니다.

5 끈의 길이는 | m로 약 | 2번이므로 약 | 2 m
입니다.

6 '| 00 cm=| m'임을 이용하여 적절한 단위를
선택합니다.

7 5 m보다 긴 것은 ㉠ 기차의 길이, ㉣ 운동장
짧은 쪽의 길이입니다.

8 각 길이를 어림해 보고 알맞은 길이를 찾습니다.

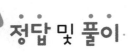

9 (1) m는 m끼리, cm는 cm끼리 더합니다.

$$\begin{array}{r} 4\ \text{m}\ \ 23\ \text{cm} \\ +\ 3\ \text{m}\ \ 40\ \text{cm} \\ \hline 7\ \text{m}\ \ 63\ \text{cm} \end{array}$$

(2) m는 m끼리, cm는 cm끼리 뺍니다.

$$\begin{array}{r} 6\ \text{m}\ \ 48\ \text{cm} \\ -\ 4\ \text{m}\ \ 17\ \text{cm} \\ \hline 2\ \text{m}\ \ 31\ \text{cm} \end{array}$$

10 시소의 길이는 현수의 두 걸음의 약 4배입니다.
⇨ 시소의 길이는 1 m의 약 4배이므로 약 4 m 입니다.

11 강길이가 잰 칠판의 길이는 약 4 m, 타루가 잰 신발장의 길이는 약 6 m, 강희가 잰 책상의 길이는 약 2 m이므로 긴 길이를 어림한 사람부터 차례대로 이름을 쓰면 타루, 강길, 강희입니다.

12 3 m 60 cm−1 m 10 cm
=(3 m−1 m)+(60 cm−10 cm)
=2 m 50 cm

13 1 m 20 cm+1 m 38 cm
=(1 m+1 m)+(20 cm+38 cm)
=2 m 58 cm

102~104쪽   단계 **4** 단원 평가

1 800, 8	**2** 3미터 60센티미터
3 3, 60	**4** 137
5 412	**6** 2, 14
7 (×) (○)	**8** 1 m 20 cm
9 6, 86	**10** 2, 45
11 4 m	**12** ③
13 3 m	**14** 5 m
15 ㉣, ㉡, ㉢, ㉠	
16 (1) 130 cm (2) 3 m	
17 은주	**18** 5 m 68 cm
19 2 m 35 cm	**20** 6 m

---

1 100 cm=1 m이므로 800 cm=8 m입니다.

2 m는 미터, cm는 센티미터라고 읽습니다.

3 2 m 30 cm+1 m 30 cm
=(2 m+1 m)+(30 cm+30 cm)
=3 m 60 cm

4 자의 눈금이 137이므로 137 cm입니다.

5 4 m 12 cm=400 cm+12 cm
=412 cm

6 214 cm=200 cm+14 cm
=2 m 14 cm

7 1 m인 길이를 생각하여 길이가 1 m를 넘는지 넘지 않는지 알아봅니다.

8 책꽂이의 긴 쪽의 길이는 120 cm입니다.
⇨ 120 cm=100 cm+20 cm
=1 m 20 cm

9 m는 m끼리, cm는 cm끼리 더합니다.

$$\begin{array}{r} 4\ \text{m}\ \ 29\ \text{cm} \\ +\ 2\ \text{m}\ \ 57\ \text{cm} \\ \hline 6\ \text{m}\ \ 86\ \text{cm} \end{array}$$

10 m는 m끼리, cm는 cm끼리 뺍니다.

$$\begin{array}{r} 3\ \text{m}\ \ 68\ \text{cm} \\ -\ 1\ \text{m}\ \ 23\ \text{cm} \\ \hline 2\ \text{m}\ \ 45\ \text{cm} \end{array}$$

11 탑의 높이는 영은이의 키의 4배입니다.
⇨ 탑의 높이는 약 1 m의 4배이므로 약 4 m입니다.

12 ③ 5 m 9 cm=500 cm+9 cm
=509 cm

13 약 2걸음이 1 m이므로 6걸음은 약 3 m입니다.

14 양팔을 벌린 길이로 약 1번이 1 m이므로 5번은 약 5 m입니다.

15 ㉠ 3 m 7 cm=300 cm+7 cm
=307 cm
㉢ 3 m 70 cm=300 cm+70 cm
=370 cm
⇨ ㉣>㉡>㉢>㉠

16 각 길이를 어림해 보고 알맞은 길이를 찾습니다.

17 380 cm=3 m 80 cm

4 m와 혜진이는 4 m−3 m 80 cm=20 cm,

호영이는 4 m 30 cm−4 m=30 cm,

은주는 4 m−3 m 90 cm=10 cm 차이가

나므로 은주가 4 m에 가장 가까운 줄을 가졌

습니다.

18 두 막대의 길이를 더합니다.

```
   2 m 43 cm
+ 3 m 25 cm
─────────────
   5 m 68 cm
```

19 (㉠~㉢)−(㉡~㉢)

=4 m 70 cm−2 m 35 cm

=2 m 35 cm

20 민하의 걸음으로 10걸음은 약 600 cm이므

로 두 깃발 사이의 거리는 약 6 m입니다.

105쪽 스스로학습장

1 9, 4	**2** 82, 75
3 8, 16	**4** 4

1 100 cm=1 m이므로

900 cm=9 m입니다.

904 cm=900 cm+4 cm

=9 m 4 cm

2 m는 m끼리, cm는 cm끼리 더합니다.

```
   45 m 27 cm
+ 37 m 48 cm
─────────────
   82 m 75 cm
```

3 m는 m끼리, cm는 cm끼리 뺍니다.

```
   37 m 48 cm
− 29 m 32 cm
─────────────
    8 m 16 cm
```

4 약 40 cm로 10걸음이면 약 400 cm=4 m

입니다.

---

④ 시각과 시간

학부모 지도 가이드 시각과 시간은 다소 추상적이고

어렵지만 우리의 일상 생활에서 사용되는 꼭 필요한

개념입니다.

　이 단원에서는 1학년 때 배운 몇 시와 몇 시 30분

을 바탕으로 좀 더 자세하게 시각 읽는 법을 학습하고

모형 시계로 시각을 나타내 봅니다. 또, 1시간이 60

분임을 알고 하루의 시간이 오전, 오후로 나누어지는

것과 달력을 읽고 1년은 12개월임을 학습합니다.

109쪽 단계**1** 교과서 개념

1 (1) 4, 3	(2) 35	(3) 3, 35
2 6, 10		**3** 9, 20
4 11, 35		**5** 1, 45

1 짧은바늘은 '시'를, 긴바늘은 '분'을 나타냅

니다.

2 짧은바늘은 6과 7 사이를 가리키므로 6시이고,

긴바늘은 2를 가리키므로 6시 10분입니다.

3 짧은바늘은 9와 10 사이를 가리키므로 9시

이고, 긴바늘은 4를 가리키므로 9시 20분입

니다.

4 짧은바늘은 11과 12 사이를 가리키므로 11시

이고, 긴바늘은 7을 가리키므로 11시 35분입

니다.

5 짧은바늘은 1과 2 사이를 가리키므로 1시이고,

긴바늘은 9를 가리키므로 1시 45분입니다.

111쪽 단계**1** 교과서 개념

1 (1) 8, 7	(2) 3, 23	(3) 7, 23
2 4, 48		**3** 5, 18
4 11, 27		**5** 3, 52

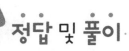

정답 및 풀이

1 시계에서 긴바늘이 가리키는 작은 눈금 한 칸은 1분을 나타냅니다.

2 짧은바늘은 4와 5 사이를 가리키고, 긴바늘은 9에서 작은 눈금 3칸 더 간 곳을 가리키므로 4시 48분입니다.

3 짧은바늘은 5와 6 사이를 가리키고, 긴바늘은 3에서 작은 눈금 3칸 더 간 곳을 가리키므로 5시 18분입니다.

4 짧은바늘은 11과 12 사이를 가리키고, 긴바늘은 5에서 작은 눈금 2칸 더 간 곳을 가리키므로 11시 27분입니다.

5 짧은바늘은 3과 4 사이를 가리키고, 긴바늘은 10에서 작은 눈금 2칸 더 간 곳을 가리키므로 3시 52분입니다.

112~113쪽 　단계 **2** 개념 집중 연습

1 3, 11, 15　　**2** 1, 3, 5
3 8, 50　　**4** 1, 35
5 2, 55　　**6** 12, 20
7
8
9 8, 57　　**10** 5, 8
11 10, 12　　**12** 1, 36
13
14
15
16

1 짧은바늘은 '시'를, 긴바늘은 '분'을 나타냅니다.

---

3 짧은바늘은 8과 9 사이를 가리키므로 8시이고, 긴바늘은 10을 가리키므로 8시 50분입니다.

4 짧은바늘은 1과 2 사이를 가리키므로 1시이고, 긴바늘은 7을 가리키므로 1시 35분입니다.

5 짧은바늘은 2와 3 사이를 가리키므로 2시이고, 긴바늘은 11을 가리키므로 2시 55분입니다.

6 짧은바늘은 12와 1 사이를 가리키므로 12시이고, 긴바늘은 4를 가리키므로 12시 20분입니다.

7 10분이므로 긴바늘은 2를 가리키게 그립니다.

8 40분이므로 긴바늘은 8을 가리키게 그립니다.

9 짧은바늘은 8과 9 사이를 가리키고, 긴바늘은 11에서 작은 눈금 2칸 더 간 곳을 가리키므로 8시 57분입니다.

10 짧은바늘은 5와 6 사이를 가리키고, 긴바늘은 1에서 작은 눈금 3칸 더 간 곳을 가리키므로 5시 8분입니다.

11 짧은바늘은 10과 11 사이를 가리키고, 긴바늘은 2에서 작은 눈금 2칸 더 간 곳을 가리키므로 10시 12분입니다.

12 짧은바늘은 1과 2 사이를 가리키고, 긴바늘은 7에서 작은 눈금 1칸 더 간 곳을 가리키므로 1시 36분입니다.

13 왼쪽 시계: 짧은바늘은 2와 3 사이를 가리키고, 긴바늘은 9에서 작은 눈금 4칸 더 간 곳을 가리키므로 2시 49분입니다.

오른쪽 시계: 짧은바늘은 8과 9 사이를 가리키고, 긴바늘은 4에서 작은 눈금 3칸 더 간 곳을 가리키므로 8시 23분입니다.

14 23분이므로 긴바늘은 4에서 작은 눈금 3칸 더 간 곳을 가리키게 그립니다.

15 12분이므로 긴바늘은 2에서 작은 눈금 2칸 더 간 곳을 가리키게 그립니다.

16 54분이므로 긴바늘은 10에서 작은 눈금 4칸 더 간 곳을 가리키게 그립니다.

1 (1) 2, 50　(2) 10　(3) 10
2 55 ; 5　　　　　**3** 45 ; 15
4 50 ; 7, 10　　　**5** 8, 55 ; 9, 5

1 2시 50분은 3시 10분 전입니다.
　참고 2시 50분은 3시가 되려면 10분이 더 지나
　야 하므로 3시 10분 전입니다.

2 5시 55분은 6시가 되기 5분 전의 시각과 같
　으므로 6시 5분 전입니다.

3 12시 45분은 1시가 되기 15분 전의 시각과
　같으므로 1시 15분 전입니다.

4 6시 50분은 7시가 되기 10분 전의 시각과
　같으므로 7시 10분 전입니다.

5 8시 55분은 9시가 되기 5분 전의 시각과 같
　으므로 9시 5분 전입니다.

1 (1) 7시 10분 20분 30분 40분 50분 8시 10분 20분 30분 40분 50분 9시

　(2) 1, 60

2 (1) 3시 10분 20분 30분 40분 50분 4시 10분 20분 30분 40분 50분 5시

　(2) 1, 20, 80

1 (1) 7시부터 8시까지 6칸에 색칠합니다.
　(2) 7시 ──1시간 후──→ 8시
　　⇨ 1시간＝60분
　참고 시계의 긴바늘이 한 바퀴를 도는 데 걸린 시
　간은 60분이고, 60분은 1시간입니다.

2 (1) 3시부터 4시 20분까지 8칸에 색칠합니다.
　(2) 3시 ──1시간 후──→ 4시 ──20분 후──→ 4시 20분
　　⇨ 1시간 20분
　　　＝60분＋20분＝80분

1 1, 45 ; 2, 15　　**2** 5, 50 ; 6, 10
3 4, 52 ; 5, 8　　 **4** 2, 57 ; 3, 3
5 　　　　　**6**

7 5　　　　　　　　**8** 15
9 6, 50　　　　　　**10** 120
11 60, 70　　　　　**12** 120, 160
13 120, 2, 20　　　**14** 1, 24
15 89　　　　　　　**16** 1, 40
17 65　　　　　　　**18** 1, 10, 70
19 1, 30, 90　　　　**20** 2, 20, 140

1 1시 45분은 2시가 되기 15분 전의 시각과
　같으므로 2시 15분 전입니다.

2 5시 50분은 6시가 되기 10분 전의 시각과
　같으므로 6시 10분 전입니다.

3 4시 52분은 5시가 되기 8분 전의 시각과 같
　으므로 5시 8분 전입니다.

4 2시 57분은 3시가 되기 3분 전의 시각과 같
　으므로 3시 3분 전입니다.

5 4시 5분 전은 3시 55분이므로 긴바늘이 11을
　가리키게 그립니다.

6 12시 10분 전은 11시 50분이므로 긴바늘이
　10을 가리키게 그립니다.

7 11시 55분은 12시가 되기 5분 전의 시각과
　같으므로 12시 5분 전입니다.

8 5시 45분은 6시가 되기 15분 전의 시각과
　같으므로 6시 15분 전입니다.

9 7시 10분 전은 7시가 되기 10분 전의 시각
　이므로 6시 50분입니다.

10 1시간＝60분 ⇨ 2시간＝120분

11 1시간＝60분임을 이용합니다.

12 2시간＝120분임을 이용합니다.

13 120분보다 크므로 120분＝2시간임을 이용
　합니다.

14 84분＝60분＋24분＝1시간 24분

15 1시간 29분=60분+29분=89분

16 100분=60분+40분=1시간 40분

17 1시간 5분=60분+5분=65분

18 3시 5분 ──1시간 후──▶ 4시 5분

──10분 후──▶ 4시 15분

⇨ 1시간 10분
=60분+10분=70분

19 2시 20분 ──1시간 후──▶ 3시 20분

──30분 후──▶ 3시 50분

⇨ 1시간 30분
=60분+30분=90분

20 12시 10분 ──2시간 후──▶ 2시 10분

──20분 후──▶ 2시 30분

⇨ 2시간 20분
=120분+20분=140분

121쪽 　　단계**1** 교과서 개념

1 (1) 오전　(2) 오후　　**2** 4
3 9　　　　　　　　　**4** 12

---

1 참고 오전 12시간과 오후 12시간을 합하면 하루는 24시간입니다.

2 칸 수를 세어 보면 4칸이므로 4시간입니다.

3 칸 수를 세어 보면 9칸이므로 9시간입니다.

4 칸 수를 세어 보면 12칸이므로 12시간입니다.

123쪽 　　단계**1** 교과서 개념

1 (1) 11, 목　(2) 18, 목
2 7, 11　　　　　**3** 14, 2, 2
4 12, 15　　　　　**5** 12, 1

---

1 (2) 1주일=7일이므로 11일로부터 1주일 후는 11일+7일=18일이고 18일은 목요일입니다.

참고 1주일=7일이고 달력에서 7일마다 같은 요일이 반복됩니다.

2 1주일=7일임을 이용합니다.

3 14일=2주일임을 이용합니다.

4 1년=12개월임을 이용합니다.

5 12개월=1년임을 이용합니다.

124~125쪽 　　단계**2** 개념 집중 연습

1 24, 31　　　　　　**2** 6, 1, 6
3 48　　　　　　　　**4** 1, 2
5 53　　　　　　　　**6** 2, 2
7 12 1 2 3 4 5 6 7 8 9 10 11 12(시)

1 2 3 4 5 6 7 8 9 10 11 12(시)

; 8시간

8 12 1 2 3 4 5 6 7 8 9 10 11 12(시)

1 2 3 4 5 6 7 8 9 10 11 12(시)

; 5시간

9 7, 2　　　　　　　**10** 14, 18
11 21, 3, 3　　　　　**12** 36
13 24, 29　　　　　　**14** 24, 2
15 4번　　　　　　　**16** 30일
17 금요일　　　　　　**18** 7일

---

1 1일=24시간임을 이용합니다.

2 24시간=1일임을 이용합니다.

3 2일=1일+1일
=24시간+24시간=48시간

4 26시간=24시간+2시간=1일 2시간

5 2일 5시간=48시간+5시간=53시간

6 50시간=48시간+2시간=2일 2시간

7 시간 띠에서 한 칸은 1시간입니다.
시간 띠에서 8칸이므로 놀이공원에 있었던 시간은 8시간입니다.

8 시간 띠에서 5칸이므로 도서관에 있었던 시간은 5시간입니다.

9 14일=7일+7일=2주일

10 2주일=14일임을 이용합니다.

11 24일=21일+3일=3주일 3일

12 3년=1년+1년+1년
=12개월+12개월+12개월
=36개월

13 2년=24개월임을 이용합니다.

14 24개월=2년임을 이용합니다.

15 3일, 10일, 17일, 24일로 4번 있습니다.

16 달력에서 마지막 날이 30일이므로 11월은 모두 30일입니다.

17 1주일은 7일이므로 19일로부터 1주일 후는 19일+7일=26일이고 26일은 금요일입니다.

18 달력에서 같은 요일은 7일마다 반복됩니다.

126~129쪽 단계 **3** 익힘 **문제 연습**

1

2 (1) 10, 35 (2) 7, 14

3

4 (1) 5 (2) 1

5 (1)

4시 10분 전

(2)

6시 15분 전

6 (1) 90 (2) 2, 50 (3) 51 (4) 2, 12

7
6시 10분 20분 30분 40분 50분 7시 : 40

8 (1) 5시 10분 20분 30분 40분 50분 6시 10분 20분 30분 40분 50분 7시

(2) 1, 40

9 (1) 4번 (2) 수요일 (3) 15일

10 (○)( )( )
(○)(○)( )

11 (1) 12 1 2 3 4 5 6 7 8 9 10 11 12(시)

1 2 3 4 5 6 7 8 9 10 11 12(시)

(2) 7

---

1 긴바늘이 1, 2, 3, ...을 가리키면 각각 5분, 10분, 15분, ...을 나타냅니다.

2 (1) 짧은바늘은 10과 11 사이를 가리키고, 긴바늘은 7을 가리키므로 10시 35분입니다.
(2) 짧은바늘은 7과 8 사이를 가리키고, 긴바늘은 2에서 작은 눈금 4칸 더 간 곳을 가리키므로 7시 14분입니다.

3 위쪽의 시계가 나타내는 시각은 차례대로 10시 27분, 4시 39분, 8시 53분입니다.
아래쪽의 시계가 나타내는 시각은 차례대로 8시 53분, 10시 27분, 4시 39분입니다.

4 (1) 6시 55분은 7시가 되기 5분 전의 시각과 같으므로 7시 5분 전입니다.
(2) 2시 10분 전은 2시가 되기 10분 전의 시각이므로 1시 50분입니다.

5 (1) 4시 10분 전은 3시 50분이므로 긴바늘이 10을 가리키게 그립니다.
(2) 6시 15분 전은 5시 45분이므로 긴바늘이 9를 가리키게 그립니다.

6 (1) 1시간 30분=60분+30분=90분
(2) 170분=120분+50분
=2시간 50분
(3) 2일 3시간=48시간+3시간
=51시간
(4) 60시간=48시간+12시간
=2일 12시간

정답 및 풀이

7 시간 띠에서 4칸이므로 40분입니다.

8 (1) 5시 10분부터 6시 50분까지 10칸에 색칠합니다.
(2) 시간 띠에서 10칸이므로
100분=60분+40분=1시간 40분입니다.

> **다른 풀이** 5시 10분 ―1시간 후→ 6시 10분
> ―40분 후→ 6시 50분
> ⇨ 1시간 40분

9 (1) 월요일은 6일, 13일, 20일, 27일로 4번 있습니다.
(2) 달력에서 5월 8일은 수요일입니다.
(3) 1주일은 7일이므로 어버이날로부터 1주일 후는 8일+7일=15일입니다.

10 31일: 1월, 3월, 5월, 7월, 8월, 10월, 12월
30일: 4월, 6월, 9월, 11월
28(29)일: 2월

11 (1) 오전 10시부터 오후 5시까지 7칸에 색칠합니다.
(2) 시간 띠에서 7칸이므로 7시간입니다.

130~132쪽 ── 단계 4 단원 평가

1 오전, 오후	**2** 11, 55
3 1, 48	**4** 50 ; 10
5 1, 35 ; 110	**6** 2, 6 ; 16
7	**8**
9 9일, 16일, 23일, 30일	
10 19일	**11** 수요일
12 9, 15 ; 10, 20	**13** 1시간 5분
14 ㉣	**15** ②
16 오전에 ○표, 10 ; 오후에 ○표, 6	
17 8시간	**18** 1시간 25분
19 61잔	**20** 18일

1 오전 12시간과 오후 12시간을 합하면 하루는 24시간입니다.

2 짧은바늘은 11과 12 사이를 가리키고, 긴바늘은 11을 가리키므로 11시 55분입니다.

3 짧은바늘은 1과 2 사이를 가리키고, 긴바늘은 9에서 작은 눈금 3칸 더 간 곳을 가리키므로 1시 48분입니다.

4 3시 50분은 4시가 되기 10분 전의 시각과 같으므로 4시 10분 전입니다.

5 60분=1시간이므로
95분=60분+35분=1시간 35분
1시간 50분=60분+50분=110분

6 20일=14일+6일=2주일 6일
1년 4개월=12개월+4개월=16개월

7 20분이므로 긴바늘이 4를 가리키게 그립니다.

8 5시 10분 전은 4시 50분이므로 긴바늘이 10을 가리키게 그립니다.

9 2일은 토요일이므로 토요일인 날짜를 모두 찾아 씁니다.
⇨ 9일, 16일, 23일, 30일

10 2주일은 14일이므로 5일로부터 2주일 후는 5일+14일=19일입니다.

11 25일로부터 12일 전은 25일−12일=13일이므로 수요일입니다.

12 시작한 시각: 짧은바늘은 9와 10 사이를 가리키고, 긴바늘은 3을 가리키므로 9시 15분입니다.
끝난 시각: 짧은바늘은 10과 11 사이를 가리키고, 긴바늘은 4를 가리키므로 10시 20분입니다.

13 9시 15분 ―1시간 후→ 10시 15분
―5분 후→ 10시 20분
⇨ 1시간+5분=1시간 5분

14 날수가 31일인 달: 1월, 3월, 5월, 7월, 8월, 10월, 12월

15 ② 오전과 오후의 시간을 합하면
12시간+12시간=24시간입니다.
⑤ 1년은 12개월이므로 2년은 24개월입니다.

17

```
        오전
 1 2 1 2 3 4 5 6 7 8 9 10 11 12(시)
 ┌─┬─┬─┬─┬─┬─┬─┬─┬─┬─┬─┬─┬─┬─┬─┬─┬─┬─┬─┐
 └─┴─┴─┴─┴─┴─┴─┴─┴─┴─┴─┴─┴─┴─┴─┴─┴─┴─┴─┘
          1 2 3 4 5 6 7 8 9 10 11 12(시)
                   오후
```

⇨ 시간 띠에서 8칸이므로 8시간입니다.

18 3시 10분 ──1시간 후──▶ 4시 10분

──25분 후──▶ 4시 35분

⇨ 1시간+25분=1시간 25분

19 3월은 31일까지, 4월은 30일까지 있으므로
모두 31일+30일=61일입니다.
⇨ 지훈이는 우유를 모두 61잔 마십니다.

20 둘째 토요일은 11일이므로
셋째 토요일은 7일 후인 11일+7일=18일
입니다.

133쪽   스스로학습장

1

2

```
7시 10분 20분 30분 40분 50분 8시 10분 20분 30분 40분 50분 9시
┌──┬──┬──┬──┬──┬──┬──┬──┬──┬──┬──┬──┐
└──┴──┴──┴──┴──┴──┴──┴──┴──┴──┴──┴──┘
```

; 50

3 7, 15

4 8 ; 9 ; 1

1 나은이가 책 읽기를 시작하는 시각은 10시
20분이므로 긴바늘이 4를 가리키게 그립니다.

2 시간 띠에서 1칸은 10분이므로 7시 30분
부터 8시 20분까지 5칸에 색칠합니다.
⇨ 50분

3 6시 45분은 7시가 되기 15분 전의 시각과
같으므로 7시 15분 전입니다.

4 오후 8시 ──1시간 후──▶ 오후 9시
⇨ 1시간

---

❺ 표와 그래프

137쪽   단계1 교과서 개념

1 (1) 포도   (2) 4, 3, 1, 1, 9
2 3, 5, 2, 2, 12

1 (1) 조사한 자료를 보면 은혁이가 좋아하는 과
일은 포도입니다.
(2) 합계: 4+3+1+1=9(명)

2 합계: 3+5+2+2=12(명)

참고 합계에는 취미별 학생 수를 모두 더하여 씁
니다. 합계는 조사한 전체 학생 수와 같습니다.

139쪽   단계1 교과서 개념

1 (1) 3, 2, 2, 2, 9   (2) 9명
2 5, 3, 3, 1, 12

1 (1) 합계: 3+2+2+2=9(명)
(2) 표에서 합계가 9명이므로 조사한 학생은
모두 9명입니다.

2 합계: 5+3+3+1=12(명)

참고 조사한 자료를 세어 표로 나타낼 때 두 번
세거나 빠뜨리지 않도록 주의합니다.

140~141쪽 단계 **2** 개념 집중 연습

1 피아노

2 지후, 혁수, 다빈

3

배우고 싶은 악기별 학생 수

악기	피아노	바이올린	드럼	기타	합계
학생 수 (명)	5	4	4	3	16

4

필요한 학용품별 학생 수

학용품	연필	자	공책	가위	합계
학생 수 (명)	5	2	3	2	12

5

색깔별 구슬 수

색깔	빨강	노랑	파랑	초록	합계
구슬 수 (개)	5	3	4	5	17

6 강아지, 기린, 호랑이, 고양이

7 2명

8

좋아하는 동물별 학생 수

동물	강아지	기린	호랑이	고양이	합계
학생 수 (명)	4	2	2	4	12

9 12명

10 6, 4, 2, 12

11 3, 2, 6, 4, 15

1 조사한 자료에서 수빈이가 배우고 싶은 악기는 피아노입니다.

2 기타를 배우고 싶은 학생은 지후, 혁수, 다빈입니다.

3 합계: 5+4+4+3=16(명)

4 필요한 학용품별 학생 수를 세어 봅니다.
⇨ 합계: 5+2+3+2=12(명)

5 색깔별 구슬 수를 세어 봅니다.
⇨ 합계: 5+3+4+5=17(개)

6 학생들이 좋아하는 동물은 강아지, 기린, 호랑이, 고양이입니다.

7 기린을 좋아하는 학생은 연주, 은지로 모두 2명입니다.

9 표에서 합계가 12명이므로 조사한 학생은 모두 12명입니다.

10 좋아하는 꽃별 학생 수를 세어 봅니다.
⇨ 합계: 6+4+2=12(명)

11 받고 싶은 선물별 학생 수를 세어 봅니다.
⇨ 합계: 3+2+6+4=15(명)

143쪽 단계 **1** 교과서 개념

1

한솔이네 모둠 학생들이 좋아하는 간식별 학생 수

4		○		
3		○		○
2	○	○		○
1	○	○	○	○
학생 수(명) / 간식	김밥	떡볶이	빵	과자

2

가고 싶은 나라별 학생 수

5	×			
4	×		×	
3	×	×	×	
2	×	×	×	×
1	×	×	×	×
학생 수(명) / 나라	미국	프랑스	영국	중국

1 좋아하는 간식별 학생 수만큼 아래부터 한 칸에 하나씩 ○로 표시하여 그래프로 나타냅니다.

2 가고 싶은 나라별 학생 수만큼 아래부터 한 칸에 하나씩 ×로 표시하여 그래프로 나타냅니다.

145쪽 단계 1 교과서 개념

1 18명 **2** 3명

3

보희네 반 학생들이 좋아하는 음식별 학생 수

5			○		
4	○	○	○		
3	○	○	○	○	
2	○	○	○	○	○
1	○	○	○	○	○
학생 수(명) / 음식	김밥	짜장면	피자	햄버거	라면

4 피자

1 표에서 합계가 18명이므로 보희네 반 학생은 모두 18명입니다.

참고 표에서 합계는 보희네 반 학생 수를 나타냅니다.

4 그래프에서 ○가 가장 많은 음식인 피자를 가장 많은 학생들이 좋아합니다.

147쪽 단계 1 교과서 개념

1 1, 2, 3, 2, 8

2

선예네 모둠 학생들이 좋아하는 운동별 학생 수

3			○	
2		○	○	○
1	○	○	○	○
학생 수(명) / 운동	피구	야구	축구	농구

3 그래프

1 좋아하는 운동별 학생 수를 세어 표로 나타냅니다.
⇨ 합계: 1+2+3+2=8(명)

3 그래프에서 ○의 수가 가장 많은 운동이 가장 많은 학생들이 좋아하는 운동이므로 그래프가 한눈에 알아보기 편리합니다.

148~149쪽 단계 2 개념 집중 연습

1

좋아하는 과일별 학생 수

6			○	
5	○		○	
4	○		○	○
3	○		○	○
2	○	○	○	○
1	○	○	○	○
학생 수(명) / 과일	감	사과	포도	귤

2

학생별 장난감의 수

5				○
4	○			○
3	○	○		○
2	○	○		○
1	○	○	○	○
수(개) / 이름	아율	민재	도윤	선아

3 14명

4

장래희망별 학생 수

5				×
4		×		×
3	×	×		×
2	×	×	×	×
1	×	×	×	×
학생 수(명) / 장래희망	연예인	운동선수	의사	선생님

5 의사 **6** 선생님 **7** 2, 4, 2, 1, 9

8

좋아하는 주스별 학생 수

4		/		
3		/		
2	/	/	/	
1	/	/	/	/
학생 수(명) / 주스	오렌지	포도	사과	토마토

9 표 **10** 5, 4, 8, 3, 20

11

종류별 공의 수			
8			○
7			○
6			○
5	○		○
4	○	○	○
3	○	○	○	○
2	○	○	○	○
1	○	○	○	○
수(개) / 종류	축구공	농구공	야구공	배구공

1 좋아하는 과일별 학생 수만큼 아래부터 한 칸에 하나씩 ○로 표시하여 그래프로 나타냅니다.

2 학생별 장난감의 수만큼 아래부터 한 칸에 하나씩 ○로 표시하여 그래프로 나타냅니다.

3 표에서 합계가 14명이므로 수영이네 모둠 학생은 모두 14명입니다.

> **참고** 표에서 합계는 조사한 전체 학생 수를 나타냅니다.

4 장래희망별 학생 수만큼 아래부터 한 칸에 하나씩 ×로 표시하여 그래프로 나타냅니다.

5 그래프에서 ×가 가장 적은 것은 의사이므로 가장 적은 학생들의 장래희망은 의사입니다.

6 그래프에서 ×가 가장 많은 것은 선생님이므로 가장 많은 학생들의 장래희망은 선생님입니다.

> **참고** 그래프에서 ×의 수가 많을수록 항목별 학생 수가 많습니다.

7 좋아하는 주스별 학생 수를 세어 봅니다.
➪ 합계: 2+4+2+1=9(명)

8 좋아하는 주스별 학생 수만큼 아래부터 한 칸에 하나씩 /로 표시하여 그래프로 나타냅니다.

9 표에서 합계가 조사한 전체 학생 수이므로 표가 한눈에 알아보기 편리합니다.

10 종류별 공의 수를 세어 봅니다.
➪ 합계: 5+4+8+3=20(개)

11 종류별 공의 수만큼 아래부터 한 칸에 하나씩 ○로 표시하여 그래프로 나타냅니다.

---

1 초록

2 21명

3

유빈이네 반 학생들이 좋아하는 색깔별 학생 수					
색깔	▨	▨	▨	▨	합계
학생 수(명)	5	9	3	4	21

4 ㉡, ㉢, ㉣, ㉠

5

은주네 모둠 학생들이 좋아하는 곤충별 학생 수					
곤충	나비	잠자리	무당벌레	사슴벌레	합계
학생 수(명)	5	4	1	2	12

6

은주네 모둠 학생들이 좋아하는 곤충별 학생 수			
5	○		
4	○	○	
3	○	○	
2	○	○		○
1	○	○	○	○
학생 수(명) / 곤충	나비	잠자리	무당벌레	사슴벌레

7 21명

8 시금치, 2명

9

영주네 반 학생들이 좋아하는 채소별 학생 수				
7			/	
6			/	
5		/	/	
4	/	/	/	
3	/	/	/	
2	/	/	/	/
1	/	/	/	/
학생 수(명) / 채소	호박	당근	오이	양배추	시금치

10 오이

11 8, 4, 5, 5, 6, 5, 33

12

6개월 동안 월별 공휴일 수

8	○					
7	○					
6	○				○	
5	○		○	○	○	○
4	○	○	○	○	○	○
3	○	○	○	○	○	○
2	○	○	○	○	○	○
1	○	○	○	○	○	○
공휴일 수(일) / 월	1	2	3	4	5	6

1 자료에서 유빈이가 좋아하는 색깔은 초록입니다.

2 자료의 수를 모두 세어 봅니다.

3 좋아하는 색깔별 학생 수를 세어 봅니다.
　⇨ 합계: 5+9+3+4=21(명)

　　주의 자료를 빠뜨리거나 중복되지 않게 자료를 셀 때마다 표시를 합니다.

4 자료를 조사하여 표로 나타내기
　① 조사할 내용 정하기
　② 조사하는 방법 정하기
　③ 자료 조사하기
　④ 조사한 자료를 보고 표로 나타내기

5 좋아하는 곤충별 학생 수를 세어 봅니다.
　⇨ 합계: 5+4+1+2=12(명)

6 좋아하는 곤충별 학생 수만큼 아래부터 한 칸에 하나씩 ○로 표시하여 그래프로 나타냅니다.

7 표에서 합계가 21명이므로 영주네 반 학생은 모두 21명입니다.

8 표에서 학생 수가 가장 적은 채소는 시금치이고 2명입니다.

9 좋아하는 채소별 학생 수만큼 아래부터 한 칸에 하나씩 /로 표시하여 그래프로 나타냅니다.

10 그래프에서 /의 수가 가장 많은 오이를 가장 많은 학생들이 좋아합니다.

11 월별 공휴일 수를 세어 봅니다.
　⇨ 합계: 8+4+5+5+6+5=33(일)

　　참고 달력에서 빨간색으로 표시된 날이 공휴일입니다.

154~156쪽 　단계 **4** 단원 **평가**

1 인형

2 수경, 유진, 성진

3 5명

4 5, 4, 3, 12

5 3명

6 13명

7

좋아하는 주스별 학생 수

6	×		
5	×		
4	×		×
3	×	×	×
2	×	×	×
1	×	×	×
학생 수(명) / 주스	오렌지	포도	사과

8 오렌지 주스

9 2, 5, 4, 4, 15

10

좋아하는 꽃별 학생 수

5		○		
4		○	○	○
3		○	○	○
2	○	○	○	○
1	○	○	○	○
학생 수(명) / 꽃	해바라기	장미	튤립	무궁화

11 해바라기

12

좋아하는 나무별 학생 수

버드나무	○	○	○			
단풍나무	○	○	○	○		
은행나무	○	○	○	○	○	○
소나무	○	○	○	○		
나무 / 학생 수(명)	1	2	3	4	5	6

13 표

14 그래프

15 ⑤

정답 및 풀이 **41**

16 4번
17 15번
18 21일
19 5일
20

날씨별 날수

8	×			
7	×			
6	×	×		
5	×	×		×
4	×	×		×
3	×	×		×
2	×	×	×	×
1	×	×	×	×
날수(일) / 날씨	맑음	흐림	비	눈

1 예슬이가 가지고 싶어 하는 장난감은 인형입니다.

2 자동차를 가지고 싶어 하는 학생은 수경, 유진, 성진입니다.

3 로봇을 가지고 싶어 하는 학생은 연우, 하진, 도하, 민혁, 수현으로 모두 5명입니다.

4 가지고 싶어 하는 장난감별 학생 수를 세어 봅니다.
⇨ 합계: 5+4+3=12(명)

5 표에서 포도 주스를 좋아하는 학생은 3명입니다.

6 표에서 합계가 13명이므로 은혜네 모둠 학생은 모두 13명입니다.

7 좋아하는 주스별 학생 수만큼 아래부터 한 칸에 하나씩 ×로 표시하여 그래프로 나타냅니다.

8 그래프에서 ×가 가장 많은 오렌지 주스를 가장 많은 학생들이 좋아합니다.

9 좋아하는 꽃별 학생 수를 세어 봅니다.
⇨ 합계: 2+5+4+4=15(명)

10 좋아하는 꽃별 학생 수만큼 아래부터 한 칸에 하나씩 ○로 표시하여 그래프로 나타냅니다.

11 그래프에서 ○가 가장 적은 꽃은 해바라기입니다.

12 좋아하는 나무별 학생 수만큼 왼쪽부터 한 칸에 하나씩 ○로 표시하여 그래프로 나타냅니다.

13 표는 조사한 전체 학생 수를 알아볼 때 편리합니다.

14 그래프는 가장 많거나 가장 적은 것을 알아볼 때 편리합니다.

15 ⑤ 선정이의 발표 횟수는 3번, 영주의 발표 횟수는 4번이므로 선정이는 영주보다 발표를 1번 더 적게 하였습니다.

16 하성이와 지호의 ○의 수의 차는 4개이므로 횟수의 차는 4번입니다.

17 그래프에서 ○의 수를 모두 더합니다.
⇨ 3+5+2+4+1=15(번)

18 표에서 합계가 21일이므로 조사한 전체 날수는 21일입니다.

19 조사한 전체 날수가 21일임을 이용합니다.
⇨ 21-8-6-2=5(일)

20 날씨별 날수만큼 아래부터 한 칸에 하나씩 ×로 표시하여 그래프로 나타냅니다.

157쪽 스스로학습장

1 예

좋아하는 간식별 학생 수

간식	피자	떡	치킨	과자	합계
학생 수(명)	3	4	6	2	15

예

좋아하는 간식별 학생 수

6				○
5				○
4			○	○
3	○	○	○	○
2	○	○	○	○
1	○	○	○	○
학생 수(명) / 간식	피자	떡	치킨	과자

❻ 규칙 찾기

161쪽 　　단계**1** 교과서 개념

1 (1) 원　(2) 파란색　(3)

2 ◆　　**3** ⬤

4 ⬤

1 (3) 빈칸에는 파란색 원을 그려야 합니다.

2 ◆, ⬤, ▽가 반복되는 규칙이므로 빈칸에는 ◆를 그립니다.

3 ★, ⬤, ⬤, △가 반복되는 규칙이므로 빈칸에는 ⬤를 그립니다.

4 ⬤, ◣, ⬛가 반복되고, 빨간색과 파란색이 반복되는 규칙이므로 빈칸에는 ⬤를 그립니다.

163쪽 　　단계**1** 교과서 개념

1 (1) 시계에 ○표　(2)

2 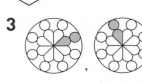　　**3** ⬤, ⬤

4 ⬤

2 시계 방향으로 한 칸씩 건너뛰며 색칠하는 규칙입니다.

3 시계 반대 방향으로 한 칸씩 이동하며 색칠하는 규칙입니다.

4 파란색, 노란색이 반복되고 노란색은 하나씩 늘어나는 규칙이므로 ○ 안에는 노란색을 칠합니다.

164~165쪽 　　단계**2** 개념 집중 연습

1 (　)(○)　　**2** ♣, ♥

3 ◇　　**4** ⬛

5 별, 하트　　**6** 노란색, 초록색

7 ☆, ♥

8 (위부터) 3, 1, 2, 3, 1, 2, 3, 1, 2, 3

9 시계에 ○표　　**10**

11 　　**12**

13 ⬤　　**14** ⬤

15 (예)

16 (예)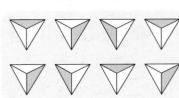

정답 및 풀이 **43**

1 ◆, ♣, ♥가 반복되는 규칙입니다.

2 ◆, ♣, ♥가 반복되는 규칙이므로 빈칸에 ♣, ♥를 차례대로 그립니다.

3 ☆, ◯, ◇가 반복되는 규칙이므로 빈칸에는 ◇를 그립니다.

4 △, ◯, ■, ■가 반복되는 규칙이므로 빈칸에 ■를 그립니다.

5 하트, 별의 순서로 모양이 반복되는 규칙입니다.

6 초록색, 주황색, 노란색의 순서로 색깔이 반복되는 규칙입니다.

7 빈칸에는 노란색 별과 초록색 하트를 차례대로 그립니다.

8 ◯는 1로, △는 2로, ☆은 3으로 바꾸어 1, 2, 3이 반복되는 규칙으로 나타냅니다.

1	2	3	1	2	3	1
2	3	1	2	3	1	2
3	1	2	3	1	2	3

9 주황색으로 색칠되어 있는 부분이 시계 방향으로 돌아가는 규칙입니다.

11 보라색으로 색칠되어 있는 부분이 시계 반대 방향으로 돌아가는 규칙입니다.

12 ⊗이 시계 방향으로 돌아가는 규칙입니다.

13 노란색, 주황색이 반복되고 하나씩 늘어나는 규칙이므로 ◯ 안에 노란색을 칠합니다.

> **참고** 같은 색이 반복될 때마다 수가 각각 1개씩 늘어나는 규칙입니다.

14 파란색, 초록색이 반복되고 파란색은 하나씩 늘어나는 규칙이므로 ◯ 안에 초록색을 칠합니다.

15 예 색칠되어 있는 부분이 시계 반대 방향으로 돌아가는 규칙입니다.

16 예 색칠되어 있는 부분이 시계 방향으로 돌아가는 규칙입니다.

167쪽   단계**1** 교과서 개념

1 2
2 6개
3 11개

1 쌓기나무를 3개, 2개씩 반복하여 쌓은 규칙입니다.

2 3개 ⟶ 4개 ⟶ 5개로 1개씩 늘어나는 규칙입니다.
➡ 다음에 이어질 모양: 5+1=6(개)

3 5개 ⟶ 7개 ⟶ 9개로 2개씩 늘어나는 규칙입니다.
➡ 다음에 이어질 모양: 9+2=11(개)

169쪽   단계**1** 교과서 개념

1 (1) (위부터) 10, 10, 14, 12   (2) 2   (3) 4
2 (위부터) 6, 5, 7, 10
3 (위부터) 6, 10, 14, 16

1 (1) 색칠된 가로줄과 세로줄이 만나는 칸에 두 수의 합을 써넣습니다.
4+6=10, 6+4=10, 6+8=14, 8+4=12
(2) 같은 줄에서 오른쪽으로 갈수록 2씩 커지는 규칙이 있습니다.
4 —+2→ 6 —+2→ 8 —+2→ 10
(3) 4 —+4→ 8 —+4→ 12 —+4→ 16

2 같은 줄에서 오른쪽으로 갈수록 1씩 커지고, 아래쪽으로 내려갈수록 1씩 커지는 규칙이 있습니다.

3 같은 줄에서 오른쪽으로 갈수록 2씩 커지고, 아래쪽으로 내려갈수록 2씩 커지는 규칙이 있습니다.

170~171쪽 · 단계 2 개념 집중 연습

1 4	**2** 2개
3 2	**4** 1
5 1	**6** 5
7 10개	**8** 6개
9 (위부터) 9, 9, 12, 13, 12, 13, 14	
10 1	**11** 1
12 2	
13 (위부터) 8, 14, 14, 18	
14 (위부터) 14, 14, 14, 13, 16	
15 (위부터) 11, 11, 7, 13	

2 2개, 4개씩 반복되므로 다음에 이어질 모양에는 쌓기나무 2개를 쌓습니다.

3 2개, 4개, 6개, 8개로 쌓기나무가 2개씩 늘어나는 규칙입니다.

4 쌓기나무를 2개, 1개씩 반복하여 쌓은 규칙입니다.

5 2개, 3개, 4개, 5개로 쌓기나무가 1개씩 늘어나는 규칙입니다.

6 쌓기나무를 5개, 3개씩 반복하여 쌓은 규칙입니다.

7 4개, 6개, 8개로 쌓기나무가 2개씩 늘어나는 규칙입니다.
⇨ 다음에 이어질 모양에 쌓을 쌓기나무는 모두 8+2=10(개)입니다.

8 6개, 4개씩 반복되는 규칙입니다.
⇨ 다음에 이어질 모양에 쌓을 쌓기나무는 모두 6개입니다.

9 4+5=9, 5+4=9, 6+6=12, 6+7=13, 7+5=12, 7+6=13, 7+7=14

10 4 $\xrightarrow{+1}$ 5 $\xrightarrow{+1}$ 6 $\xrightarrow{+1}$ 7 $\xrightarrow{+1}$ 8 $\xrightarrow{+1}$ 9 $\xrightarrow{+1}$ 10

11 2 $\xrightarrow{+1}$ 3 $\xrightarrow{+1}$ 4 $\xrightarrow{+1}$ 5 $\xrightarrow{+1}$ 6 $\xrightarrow{+1}$ 7 $\xrightarrow{+1}$ 8

12 4 $\xrightarrow{+2}$ 6 $\xrightarrow{+2}$ 8 $\xrightarrow{+2}$ 10 $\xrightarrow{+2}$ 12

13 같은 줄에서 오른쪽으로 갈수록 2씩 커지고, 아래쪽으로 내려갈수록 2씩 커지는 규칙이 있습니다.

+	2	4	6	8	10
2	4	6	8	10	12
4	6	8	10	12	14
6	8	10	12	14	16
8	10	12	14	16	18
10	12	14	16	18	20

14 같은 줄에서 오른쪽으로 갈수록 1씩 커지고, 아래쪽으로 내려갈수록 1씩 커지는 규칙이 있습니다.

+	5	6	7	8	9
5	10	11	12	13	14
6	11	12	13	14	15
7	12	13	14	15	16
8	13	14	15	16	17
9	14	15	16	17	18

15 같은 줄에서 오른쪽으로 갈수록 2씩 커지고, 아래쪽으로 내려갈수록 2씩 커지는 규칙이 있습니다.

+	1	3	5	7	9
0	1	3	5	7	9
2	3	5	7	9	11
4	5	7	9	11	13
6	7	9	11	13	15
8	9	11	13	15	17

173쪽 · 단계 1 교과서 개념

1 (1) 2 (2) 5
2 (표부터) 42, 49 ; 6
3 (표부터) 16, 48 ; 8

1 (1) $4 \xrightarrow{+2} 6 \xrightarrow{+2} 8 \xrightarrow{+2} 10$

(2) $10 \xrightarrow{+5} 15 \xrightarrow{+5} 20 \xrightarrow{+5} 25$

2 $6 \times 7 = 42, 7 \times 7 = 49$

$24 \xrightarrow{+6} 30 \xrightarrow{+6} 36 \xrightarrow{+6} 42$

3 $2 \times 8 = 16, 6 \times 8 = 48$

$8 \xrightarrow{+8} 16 \xrightarrow{+8} 24 \xrightarrow{+8} 32$

175쪽   단계 1 교과서 개념

1 1	**2** 3	**3** 3

1 각 열에서 왼쪽부터 1, 2, 3, 4, ...이므로 오른쪽으로 갈수록 수가 1씩 커집니다.

2 가장 윗줄에서 $3 \xrightarrow{+3} 6 \xrightarrow{+3} 9$로 오른쪽으로 갈수록 3씩 커집니다.

3 가장 왼쪽 줄에서 $1 \xrightarrow{+3} 4 \xrightarrow{+3} 7$로 위쪽으로 올라갈수록 3씩 커집니다.

176~177쪽   단계 2 개념 집중 연습

1 (위부터) 18, 20, 15, 28

2 6   **3** 7

4 같습니다에 ◯표

5 (위부터) 7, 5, 21

6 (위부터) 12, 16, 48, 16

7

×	5	6	7	8	9
5	25	30	35	40	45
6	30	36	42	48	54
7	35	42	49	56	63
8	40	48	56	64	72
9	45	54	63	72	81

8 2, 9, 16, 23, 30에 ◯표

9 7   **10** 6

11 1   **12** 1

13 8   **14** 1

---

1 표에서 가장 왼쪽 줄과 가장 윗줄이 만나는 칸에 두 수의 곱을 써넣습니다.

$3 \times 6 = 18, 4 \times 5 = 20, 5 \times 3 = 15,$
$7 \times 4 = 28$

2 $6 \xrightarrow{+6} 12 \xrightarrow{+6} 18 \xrightarrow{+6} 24 \xrightarrow{+6} 30$

$\xrightarrow{+6} 36 \xrightarrow{+6} 42$

3 $7 \xrightarrow{+7} 14 \xrightarrow{+7} 21 \xrightarrow{+7} 28 \xrightarrow{+7} 35$

$\xrightarrow{+7} 42 \xrightarrow{+7} 49$

4 초록색 점선을 따라 접었을 때 만나는 수는 서로 같습니다.

5 곱셈표에 있는 수들은 모두 홀수입니다.

6 곱셈표에 있는 수들은 모두 짝수입니다.

7 $6 \times 7 = 42, 7 \times 9 = 63, 8 \times 8 = 64,$
$9 \times 8 = 72$

빨간색 선 안에 있는 수는 5씩 커지는 규칙이 있습니다.

9 $2 \xrightarrow{+7} 9 \xrightarrow{+7} 16 \xrightarrow{+7} 23 \xrightarrow{+7} 30$

10 $5 \xrightarrow{+6} 11 \xrightarrow{+6} 17 \xrightarrow{+6} 23 \xrightarrow{+6} 29$

11 1, 2, 3, ..., 12로 1씩 커집니다.

12 가장 윗줄에서 $7 \xrightarrow{+1} 8 \xrightarrow{+1} 9$로 오른쪽으로 갈수록 1씩 커집니다.

13 가장 왼쪽 줄에서 $1 \xrightarrow{+8} 9 \xrightarrow{+8} 17$로 아래쪽으로 내려갈수록 8씩 커집니다.

14 왼쪽 줄에서 $1 \xrightarrow{+1} 2 \xrightarrow{+1} 3 \xrightarrow{+1} 4$로 아래쪽으로 내려갈수록 1씩 커집니다.

178~181쪽   단계 3 익힘 문제 연습

1 ☐, ●

; 예 △, ☐, ●가 반복되는 규칙입니다.

2 (1) 예 1층의 가운데 쌓기나무가 1개씩 늘어나는 규칙입니다.

(2) 8개

3 (1) 3개, 6개   (2) 10개

4 ●, ● **5** (위부터) ○, ○, ●

6 (위부터) 3, 1, 2, 3, 1, 2, 3, 1, 2, 3, 1

7 (1) (위부터) 11, 10, 11, 12, 13, 11, 12, 13, 14

(2) 1 (3) 2

(4) 예 오른쪽으로 갈수록 1씩 커지는 규칙이 있습니다.

8 (1) (위부터) 10, 12, 20

(2) 예 오른쪽으로 갈수록 4씩 커지는 규칙이 있습니다.

9 (1) 예 아래쪽으로 내려갈수록 7씩 커지는 규칙이 있습니다.

(2) 예 모든 요일이 7일마다 반복되는 규칙이 있습니다.

오른쪽으로 갈수록 1씩 커지는 규칙이 있습니다.

2 (1) 5 $\xrightarrow{+1}$ 6 $\xrightarrow{+1}$ 7

(2) 1개씩 늘어나는 규칙이므로 다음에 이어질 모양에 쌓을 쌓기나무는 모두 7+1=8(개)입니다.

3 (1) 2층: 1+2=3(개), 3층: 1+2+3=6(개)

(2) 한 층씩 많아지고 쌓기나무의 수가 2개, 3개, ... 늘어나는 규칙입니다.

⇨ 4층으로 쌓으려면 쌓기나무는 모두 6+4=10(개) 필요합니다.

4 • 빨간색, 초록색, 파란색이 반복되는 규칙입니다.

• 같은 색이 반복될 때마다 빨간색, 초록색, 파란색 구슬의 수가 1개씩 늘어나는 규칙입니다.

5 빨간색, 초록색, 노란색이 반복되는 규칙입니다.

6 1, 2, 3이 반복되는 규칙으로 나타냅니다.

1	2	3	1	2	3	1
2	3	1	2	3	1	2
3	1	2	3	1	2	3
1	2	3	1	2	3	1

7 (2) 1 $\xrightarrow{+1}$ 2 $\xrightarrow{+1}$ 3 $\xrightarrow{+1}$ 4 $\xrightarrow{+1}$ 5 $\xrightarrow{+1}$ 6 $\xrightarrow{+1}$ 7 $\xrightarrow{+1}$ 8

(3) 2 $\xrightarrow{+2}$ 4 $\xrightarrow{+2}$ 6 $\xrightarrow{+2}$ 8 $\xrightarrow{+2}$ 10 $\xrightarrow{+2}$ 12

8 (1) 2×5=10, 3×4=12, 5×4=20

(2) 8 $\xrightarrow{+4}$ 12 $\xrightarrow{+4}$ 16 $\xrightarrow{+4}$ 20

9 (1) 1 $\xrightarrow{+7}$ 8 $\xrightarrow{+7}$ 15 $\xrightarrow{+7}$ 22 $\xrightarrow{+7}$ 29

182~184쪽   단계 **4** 단원 **평가**

1 (위부터) 9, 10, 12, 10, 11, 13
2 1   **3** 2
4
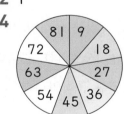
5 2   **6** ★, ★, ♥
7 (위부터) 1, 2, 3, 3, 1, 2, 3, 3, 1
8 ♣, ♣   **9** ■, ●
10 2   **11** 18개
12
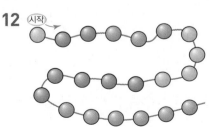
13 예 아래쪽으로 내려갈수록 10씩 커지는 규칙이 있습니다.

정답 및 풀이 **47**

14

×	1	3	5	7
1	1	3	5	7
3	3	9	15	21
5	5	15	25	35
7	7	21	35	49

15 예 오른쪽으로 갈수록 1씩 커지는 규칙이 있습니다.

16

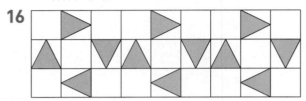

17 4번째

18 예 모든 요일이 7일마다 반복되는 규칙이 있습니다.

19 22일   **20** 8

2 $7 \xrightarrow{+1} 8 \xrightarrow{+1} 9 \xrightarrow{+1} 10 \xrightarrow{+1} 11$

3 $6 \xrightarrow{+2} 8 \xrightarrow{+2} 10 \xrightarrow{+2} 12 \xrightarrow{+2} 14$

4 시계 방향으로 9부터 9씩 커지는 규칙입니다.

5 3개, 5개, 7개로 2개씩 늘어나는 규칙입니다.

6 ♥, ▼, ★, ★이 반복되는 규칙입니다.

7 1, 2, 3, 3이 반복되는 규칙으로 나타냅니다.

8 ♣, ★, ◆가 반복되는 규칙입니다.

9 ■, ●, ▲가 반복되는 규칙입니다.

10 4개, 2개씩 반복되는 규칙입니다.

11 4개, 2개가 반복되는 규칙이므로 여섯 번째 모양의 쌓기나무는 2개입니다.
⇨ $4+2+4+2+4+2=18$(개)

12 주황색, 빨간색, 파란색이 각각 1개씩 늘어나며 반복되는 규칙입니다.

14 5부터 10씩 커지는 규칙이 있는 수들을 찾아봅니다.

15 아래쪽으로 내려갈수록 3씩 커지는 규칙이 있습니다.
↙ 방향으로 갈수록 2씩 커지는 규칙이 있습니다.

↘ 방향으로 갈수록 4씩 커지는 규칙이 있습니다. 등도 정답으로 인정합니다.

17 $1 \xrightarrow{+5} 6 \xrightarrow{+6} 12$
각 열의 가장 왼쪽 자리 번호는 더하는 수가 1씩 커지므로 라열의 가장 왼쪽 좌석은 $12+7=19$이고 22번은 라열의 왼쪽에서 4번째입니다.

19 요일이 7일마다 반복되므로 넷째 주 금요일은 15일+7일=22일입니다.

20 곱셈표에서 점선을 따라 접었을 때 만나는 수는 서로 같으므로 파란색으로 색칠된 칸과 만나는 곳의 수도 8입니다.

185쪽 스스로학습장

1 (위부터) 11, 9, 11, 13, 11

2

×	1	2	3	4	5
1	1	2	3	4	5
2	2	4	6	8	10
3	3	6	9	12	15
4	4	8	12	16	20
5	5	10	15	20	25

3 예

4 예 매일 낮과 밤이 반복됩니다.
봄, 여름, 가을, 겨울의 사계절이 반복됩니다.

이쯤에서 실력 체크

수학 단원평가

각종 학교 시험, 한 권으로 끝내자!
수학 단원평가
초등 1~6학년(학기별)

쪽지시험, 단원평가, 서술형 평가 등 다양한 수행평가에 맞는 최신 경향의 문제 수록
A, B, C 세 단계 난이도의 단원평가로 실력을 점검하고 부족한 부분을 빠르게 보충 가능
기본 개념 문제로 구성된 쪽지시험과 단원평가 5회분으로 확실한 단원 마무리

정답은
이안에
있어!

My name~

초등학교

학년   반   번

이름

개념클릭

최고를 꿈꾸는 아이들의 수준 높은 상위권 문제집!

중상위 심화서

최상위 심화서

한 가지 이상 해당된다면 **최고수준** 해야 할 때!

- ✔ 응용과 심화 중간단계의 학습이 필요하다면? `최고수준S`
- ✔ 처음부터 너무 어려운 심화서로 시작하기 부담된다면? `최고수준S`
- ✔ 창의·융합 문제를 통해 사고력을 폭넓게 기르고 싶다면? `최고수준`
- ✔ 각종 경시대회를 준비 중이거나 준비 할 계획이라면? `최고수준`